金商道

The positive thinker sees the invisible, feels the intangible,
and achieves the impossible.

惟正向思考者，能察於未見，感於無形，達於人所不能。 —— 佚名

款待

Hospitality

旅館
17職人的
極致服務之道

蘇國垚——著

商業周刊
金商道

推薦序

亞洲瑞士在台灣的想像

嚴長壽

蘇國垚曾經是我旅館事業顛峰時期規畫的第一順位接班人。其實在我的刻意安排下，他先是擔任亞都總經理，進而開辦台中永豐棧麗緻，接著又開創台南大億麗緻，然而即使經過我如此有計畫的規畫，最後，這個計畫終歸還是沒有實現。因爲充滿熱情與使命感的他，已經決定做一名影響台灣服務業的尖兵，這些年來不管是哪一個行業，只要談到「服務」，蘇國垚這個名字永遠是名列前茅的首選名單。所以，對於已經淡出這個行業的我，看到國垚仍如此孜孜不倦、誨人無數，在我心目中，他不但是台灣服務業界的導師，也是我與公益平台共同學習的對象。當然他更是我們公益服務團隊中不可或缺的夥伴。

從一九八〇到公元兩千年，可以說是台灣旅館業的黃金年代。那時候幾乎世界一流的商界名流、著名設計師、科技新貴及企業家，都是以台灣做爲重要的往來對象。因緣際會下，當時的亞都躬逢其盛，得以適時將極致服務帶入台灣，但曾幾何時，台灣過去的榮景早已爲新興的城市與國家所取代。過去，我曾經引用一句旅館服務業的名言：「A hotel is made by man and stone.」隨著人的改變，服務的模式相對也需要調整，過去那種細緻的服務，在如今已被要求爲「大、快、炫、急」的市場中，顯然已變得不合時宜。

因此，對於曾經走過的那個年代，國垚與我都有一種往事只堪回味的惆悵。或許這也是蘇老師希望用《款待》這本書，讓台灣的青年學子重新看到一個眞正精緻旅館的服務高度。當然，這本書不只是從事這個行業的年輕人與老師可以參考的內容，同時也可以讓所有有機會到世界各地旅遊的朋友，當置身於一個國際社交場合時，把這本書做爲可以期待的最高參酌標準。

眼看著台灣衆多的餐旅科系誕生，坦白說我認爲已經有供過於求的現象。但是，如果我們轉一個彎來思考，把台灣定位爲亞洲的瑞士，那麼台灣豈不就可以成爲亞洲，或者是世界新一代旅館從業人員的培訓基地，當然先決條件是，我們的教學師資及國際素養都必須極度快速的提升。如此，本書的出版，就顯得格外重要與令人期待！

（本文作者爲公益平台基金會董事長）

目錄

前言

牽動客人心弦的極致服務

蘇國垚

餐飲服務員學著低身四十五度，問客人：「我可以收走您的盤子了嗎？」調酒師炫技耍花式調酒魅惑客人，讓客人以爲這就是尊貴表現；在旅館林立、餐飲形式五花八門的今天，我們對這些服務形式並不陌生。但如果眞實請教客人，還是有許多人不滿意這看似花了心思設計的服務。爲什麼？當我們進一步仔細觀察，就會發現，大多數服務場所因缺乏優秀資深員工，必須用SOP流程來補救，雖然掌握了流程，卻未必掌握眞心款待的眞義，結果卻讓客人備受干擾。

此時此刻，我寫《款待》這本書，就是深怕自己從嚴長壽總裁及許多資深旅館總經理身上言教、身教而學習體會的好服務：精緻、優良、傳統的待客之道，會在匆忙的社會中慢慢消失。

從事旅館業愈久，我愈深刻體會到，每去拜訪一家有歷史傳統的、有內涵的旅館，就可以想見無數經歷歲月的事件和感人故事曾經發生，從古至今，從驛站、驛宿一路輾轉發展而來，如果沒有旅館，就沒有這些動人的軼事。中國的客棧和掌櫃、店小二，是多少鄉野傳奇和江湖兒女的舞台，也是現代旅館的原型，我們都讀過，甚至心嚮往之，只是沒聯想在一起而已。

我在亞都飯店任總經理時，每年的某一天，資深媒體工作者李濤與李艷秋夫婦都會來飯店吃飯，經我好奇詢問，方才得知亞都是他們兩人第一次約會的地方。

這個答案讓我深深感動。

「去台北就住亞都」成爲家訓

不只李濤、李艷秋夫婦念舊，許多客人也是如此。

有一位客人，每到台北就住亞都飯店，兒子大了，就帶著兒子一起入住。這位客人有天起床後不舒服，飯店叫了救護車，我陪著他到馬偕醫院急救，可惜最後回天乏術。

客人永遠走了，但他的兒子又帶著孫子來住，逐漸的，我跟他兒子變成好朋友。兒子每次來，依舊住在他爸爸住過的房間，我問他爲什麼？他說，爸爸告訴他：「如果你去台北，一定要住亞都飯店。」「去台北住亞都飯店」變成了他們的家訓，成了一代又一代的傳統與傳承。

對我來說，這個經驗是莫大的光榮。如果從業人員感受到客人是這樣愛你、需要你，工作怎麼會無趣？又該懷抱怎樣的使命感去愛客人，並讓客人也感到興味呢？

不管大小，飯店旅館都曾是許多人一生中重要的舞台和場景。四、五年級生年輕時在台北的約會地點有兩個，一是火車站前的希爾頓飯店（因爲有洗手間），一是北門郵局；相親的地點也在飯店，如華國飯店、中央酒店、統一大飯店等，視出身何種家族而定，洋派，就去希爾頓；日派，上華泰大飯店或國賓飯店；台派，就進福華飯店。

飯店在「江湖」中也有九大門派，什麼客人選擇走什麼路線，飯店經營者也會招來特定群聚的客人，是非常有趣的行業。

但現在在國際化、全球化風潮下，各旅館紛紛走向「規範化」（standardize），家家看來似曾相識，失去特色，這是很可惜的。造成這種現象，有可能是主事者沒有堅持，或是主管跳槽至不同旅館，把作風跟著一起帶走，加上現在客人的忠誠度低，也是選擇太多之故。

我認爲，經營旅館還是要有個人風格。在學校我常問學生一個問題：「你們去補習都補什麼？」答案是：「去補表現最爛的科目」，但結果，不會的還是不會，有沒想過，爲什麼不把時間放在自己最擅長的科目，把擅長的發展到更好？

其實你可能從未被「款待」過

在經營效能及營業額的壓力下，我明白旅館老闆很難隨心所欲，但做爲業者的自重，敦促我們還是要想辦法實踐。我喜歡的店，就像日本京都傳統商店一樣，幾千年來全日本只有這一家，你要買珠包、鞋子，一定要到京都。我不特別欣賞像百貨公司的商店，什麼都買得到，但辨識度（identity）很低，沒有個性。

經營飯店也一樣，要有自己的風格，飯店小就走精緻優雅路線，大就豪華宏偉，各自經營不同的客群。

以前亞都有一位中東客人，每次來都住套房，但後來有四、五年沒訂房，等他再來訂房時，我們問：「還是住以前的套房嗎？」他回答：「不要，只要一般房。」但我們還是幫他升等，因爲他是很忠實的客人。當時嚴總裁說：「任何人都不可以探問客人生意做得如何。」亞都就是客人在外的家，家人該做的就是伸出溫暖的手，不會在對方失意時瞧不起他。我跟這位客人後來成了終身好友。當時，我們飯店做了些不一樣的事，就算不賺錢，但晚上睡得很安穩。

我認爲夢想中的旅館，是可以實現的，只要能持續提供好的服務，主管都有使命感，將好的服務落實在每一個執行細節中。

什麼是好的服務？很多客人其實從未被好好款待，也常常懷疑自己是不是「奧客」？我舉兩個例子：

有次我到上海演講，對象是百大高爾夫球場俱樂部的一群總經理。晚上九點半，我到達飯店，餐廳已打烊。主辦人建議我叫客房服務，我點了「新加坡椰汁辣麵」，然後埋頭工作，準備演講的資料。晚上十點半，電話響了，是太太打來的，她聽說我等麵等了一個小時，提醒我去催，我說不必吧，這是星級旅館，但太太堅持說：「你要催，那裡不是台灣。」

於是我打電話去詢問，爲什麼麵還沒送上來？對方回答：「對不起，我們送錯房間了。」於是我再點一次，兩分鐘後電話又來，表示缺兩種材料做不出來，能不能換點別的，我改點牛肉麵。十五分鐘後，麵送來了，我拿起帳單簽字，還有興致跟服務生聊天套交情：「剛剛麵送錯了？房號搞錯了？」

「房號對啊，三〇六〇。」服務生說。

「帳單的房號是對的，但剛才我的麵送錯房間了。」我說。

「喔，我剛上班，那是上一班的事。」年輕的服務生脫口而出。

隔天我把這個例子講給在場人士聽，用意不是打小報告，我說：「各位總經理，你們就擔待一點，九〇後的年輕人特質如此，很習慣認爲這些事跟自己沒關係，在教育訓練上要導正。」可巧，那個飯店主管也在座，演講後，飯店董事長找我詳細了解過程。

隔天早上我出房門準備吃早餐。

「早上好，先生，您是幾號房？」工作人員問。

「三〇六〇。」我答。

「啊，蘇先生早！」

全飯店顯然都知道我住的房號了。「你要喝茶還是咖啡？」等我坐下來，服務員立刻問。一位穿西裝的人走過來打招呼：「蘇先生您好，我是這裡的經理，請問你要喝茶還是咖啡？」我表明已經點過茶了。

「您有什麼事情一定要讓我知道。」經理繼續說，我答應後，他拿了兩份報紙給我；整個餐廳客人都沒有報紙，只有我有。

我把這件事說給嚴先生聽，嚴先生「回報」以他的香港遭遇。

處罰好客人？

嚴先生也是入住星級飯店，進飯店時門衛問他：「你要自己提行李？還是我幫你提？」到櫃檯辦入住，櫃檯說：「嚴先生，你訂非吸菸樓層，你眞的確定嗎？」確定後，櫃檯把登記卡翻過來，要嚴先生簽名保證：不在房間抽菸、不會毀損地毯或家具，否則將負賠償責任。

進了房間，發現房太小，嚴先生打電話詢問，可否換大一點的房間，櫃檯回答可以，但一等兩小時，電話來了，表明換房要加六百元港幣。剛說好，一分鐘後電話又來，表示不是六百元，是六百六十元，因爲要加一成服務費。聽得嚴先生只能說：「快給我房間！」因爲不確定有無房間的兩小時中，嚴先生不能洗澡，也不能用洗手間。

嚴先生六點半與人有約，在台灣時已訂好三樓米其林三星級餐廳，沒想到餐廳六點十分來電，表示只能保留座位十分鐘（客人都還沒到呢！），餐廳接著又囑咐，你不可以穿拖鞋、不可以穿短褲、不可以……聽得嚴先生苦笑說：「你好像學校老師。」

爲什麼星級旅館會有這樣的服務？原來是因爲有些大陸客人糟蹋了他們的飯店，燒毀地毯，破壞了房間。可是，一家星級飯店的員工分不出旅客來自何方嗎？也有很好的大陸客人啊，爲什麼要用同樣的方式處罰所有好客人？

就算是抽菸的客人，你也不能要他簽這種聲明，飯店本來就要接待所有進門來的客人。

大陸如此，香港如此，那台灣呢？其實我們的服務品質也有失焦的地方，這是我心急的事情。

過去十年，台灣景氣不好，業者的經營概念是降低成本（cost down），可是客人卻期待加值（value up），兩方的期望背道而馳，客人習慣後，覺得被糟蹋、沒有提供好服務，好像是正常，反而覺得自己是不是要求太多？

以服務爲本質，客人有權益得到他應得的東西，經營者應盡最大努力去滿足、甚至超越客人的期待，這才是有意義的服務業價值觀。

服務是一種藝術

提供一種有風格，自在不矯情、不炫耀的優雅服務，是一種藝術，是一種讓客人窩心，可以牽動他內心深處那一根弦，升起一陣「酥麻的感覺」。好的旅館從業人員地位和客人是平等的，飯店提供的不是小李子式低聲下氣的服務，而是用專業知識滿足客人所需。要做到這一層次，我覺得要提升五個方向：

經營者不可畫地為王

經營者不要有鎖國心態，覺得在台灣很棒就好了，而是要跟東京、香港、新加坡、曼谷等國際都市的同業比較。我們的設備、服務有沒有有提升？我們能不能充分授權？有沒有培養人才？尊重專業？

現階段台灣旅館業最缺乏的是中間與上層人才，好的幹部與優秀經理人嚴重斷層。大陸旅館業則膨脹太快，造成員工升遷太快，基本功還沒練好，馬上就賦予更大的任務，造成專業中空，呈現搖搖欲墜的狀態。身爲飯店經營者無法靠一味模仿發展，得不斷觀摩交流進修，培養深度的眼光。

專業經理人要有競爭心

專業經理人更需要自我進取，掌握國際趨勢，鞭策自己成長。回到學校念書，是一種進修方式，努力用心觀察客人、與國際接軌，也是一種方式。不管何種途徑，專業經理人都要幫助老闆栽培人才，厚植人才庫，而不是用挖角的方式去填補。

我個人認爲，老是挖角，對內對外都有殺傷力，我自己經營時從來不挖角，喜歡培養自家人才，這樣培養出來的夥伴，才留著自己的血液，才更理解也認同這家飯店的理念及文化。

基層員工肯熬，一定出頭天

年輕人進到這個行業，千萬不要有身處悲慘世代的心態，服務業不是卑賤的行業，要有幹勁、有毅力、有熱忱並極力表現，找到有制度的好公司，絕對有前途。

服務業是很不容易待下去的行業，但等你捱過去，就會蛻變成飛舞的蝴蝶，如果在毛毛蟲階段就被火燒掉，落敗而去，那是非常可惜的事。

其他業種可以跟著學習

「魔鬼藏在細節裡」，在旅館，從訂房、check in、用餐、使用設施，直到check out，處處都是細節的串連。

經營者從選對客層、接客用的禮車、出色的制服、周全的迎賓、溫馨的客房、甜美的morning call、營養美味的早餐，舒適優雅的公共空間……，營造出成功的旅館，運用各關鍵點的人員（秘密武器）及制度，去超越客人的期待，這一切都值得其他服務業及製造業參考。

客人記得鼓鼓掌

我要呼籲進出旅店餐館的客人，給辛苦的工作同仁一點尊重，一點掌聲。

旅館其實是悠久的行業，做為客人，我們也許不了解他的服務設計，每個環節都有背後的專業性。

很多人因爲對這個行業不了解而生誤解，不了解爲何早上十一點就得退房，還要等到下午三點才能入住，不知道這四個小時就是工作人員拚命整理房間的時間。還有人認爲，我又沒住滿二十四小時，爲什麼要收一天的錢？殊不知飯店收的是「過夜費」。做爲接受服務的客人，也需要對這個行業多加了解。客人的理解，可以讓提供好服務的旅館得以永續經營，讓服務較差的旅館可以改進，互相尊重與幫助，才能創造雙贏局面。

所以，我寫本書的最大用意，是希望台灣不要在國際服務業版圖上缺席，透過本書分享給服務業夥伴和客人，描繪極致服務的面貌，對於該做的投資，不要因爲成本高就偷斤減兩，反而要盡力做到最好、最傳統、最經典，只有追求這種classic，才能達到和世界競爭的國際水準。

1 極致服務的開場

─ 訂房部經理

訂房部經理

職務亮點：愼選客人，維持品牌。

工作內容：接受客人訂房，同時依據旅館定位篩選適當的客人，爲前台製作客人到達名單。

工作時間：上午九點到下午五點。

走進這家布置沉穩的旅館，迎面而來的不是冰冷的櫃檯，也不會被問：「請問貴姓？您有訂房嗎？要住幾晚？」客人會直接被引導到接待桌旁坐下，前台人員（front desk clerk）驅前詢問：「蘇先生，歡迎回來！您還是住上次的一二二八房，可以嗎？」所有入住登記手續和表格，都早已經塡好，客人只要過目確認、簽名，就完成了入住手續。

住進這樣的旅館，相信對許多老是將「賓至如歸」掛在嘴邊的旅館業而言，才有眞實的體驗。客人check in時的驚喜，其實是在客人訂房後，就已經啓動了一切準備動作，爲的就是要提供最貼心的服務。

前頁圖爲台北亞都麗緻大飯店訂房人員吳慶玲。
場地／台北亞都麗緻大飯店
攝影／石吉弘

旅館裡的「法官」

一般以爲，旅館總是被動的被客人「選擇」，其實，如果旅館主動篩選客人，會讓旅館的市場區隔更清楚，掌握「對」的客源，才能爲旅館帶來高產值。

我曾在香港文華酒店訂房組實習，主管是年約五十的男士，綽號「法官」（Judge）。爲什麼叫訂房組主管「法官」？因爲法官可以判人生死，在接到訂房電話時，訂房組主管同樣可以決定接不接這位客人。

除了專業知識外，法官還須具備道德感，而旅館「法官」的專業知識，則是了解客人，如果是對旅館沒有助益的客人，就不讓入住；假如多位客人對旅館有同等利益，就按先來後到的順序決定入住名單。

向旅館訂房不只是客人，同事、主管也都可能會來幫親友訂房，還可能有人擅改資料，所以旅館「法官」不能基於私人喜好來決定給不給房間，例如因爲比較喜歡某公司秘書，旺季時就優先給該家公司訂房。旅館「法官」的條件是要經驗豐富，知道公司的市場定位，爲公司選擇適合的客人，還要能夠處變不驚、抗壓性要夠。

所謂好旅館，除了設備、服務好之外，客人素質也很重要。多數業者容易只顧著吸引客人進門，以爲只要住房滿了就好，卻忘了注意住進來的都是些什麼類型的客人？忽略了某些客人是不應該出現在旅館裡的。

在過去很長一段時間，要入住星級旅館的總統套房，必須有社會地位，來到現在很多旅客只要有錢，任何人都可以入住這個等級的套房。但是好的旅館應該過濾客人，有些經營嚴格的飯店，對想要入住總統套房的人，都會問清楚住客是誰？目的爲何？還有誰陪同入住？甚至還得經過總經理批准，才會接受該位客人。

現在有些旅館讓客人在總統套房開「轟趴」，更不乏嗑藥、搖頭等情事。旅館經營不能以「沒有影響他人」爲由，「正當化」自己「賺錢不顧品質」的做法，因爲事關企業形象，也關係到社會責任。

我曾任職過的某家旅館業主，因爲常有穿著很像黑道的朋友來訪，致使當時部分企業客戶因此拒絕和我們往來，旅客品質其實對旅館信譽影響甚大。

有推薦信才能入住的旅館

業務員出門拜訪客戶、簽約之前，也需要進一步了解對方是什麼性質的公司，若是老鼠會、空頭公司、吸金公司……都要特別小心。業務員拜訪後要寫報告，內容包括公司性質、主要營業項目、客人特質等等。對於比較新的企業客戶更要小心，要觀察這些企業帶來的客人品質如何，會不會喧譁？會不會帶女人進來？入住客人多當然好，但是鶯鶯燕燕也跟著多，旅館不容易掌握情況。

有些貿易公司招待客戶，晚飯後續攤，結果續攤變質成了性招待。客人的客戶把小姐帶進房間過夜，小姐臨走前有可能還去敲別的房間，想順便再做些生意，這種事若經常發生，對旅館的名聲是絕對有影響的。

歐洲的百年旅館像克萊瑞德基斯[註]，大概有一百個房間左右，總經理總是站在大廳，戴禮帽、穿禮服，眼光銳利地留意著每個人。衣著不恰當的人，例如女性沒有穿洋裝，或是穿牛仔褲、熱褲的人，都不能進入。

這種等級的旅館以前不接受信用卡，來訂房如果沒有人推薦就不能入住，但是其服務範圍令人嘆爲觀止。例如，客人可以不帶分文、外出到哈洛德百貨[註]買東西，百貨公司將客人血拚成果送至旅館時，旅館會先付錢，等客人退房時再結清就可以了。

台灣沒有這種等級的旅館，克萊瑞德基斯的傳統凸顯了「旅館必須篩選客人」的重要性，更必須從客人打電話進來訂房時，便過濾、篩選旅館所設定的目標客人。

克萊瑞德基斯旅館（Claridge's Hotel）

一八一二年建立，常接待英國皇家的貴賓，又被稱為白金漢宮的別館。

哈洛德百貨（Harrods）

英國最大百貨公司，占地四．五英畝，一八三四年成立，一九八五年由埃及法伊德（Fayed）兄弟買下，現轉為卡達控股公司。

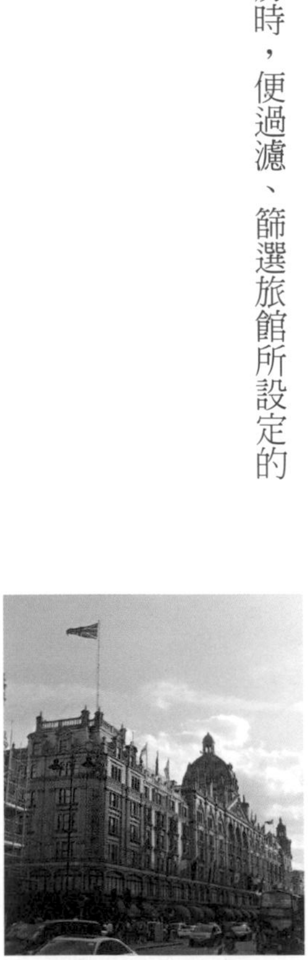

訂房後的三個步驟

旅館接受訂房要注意資訊的準確性，像遇到約翰．史密斯（John Smith）或日本客人田中、渡邊這類「菜市仔名」，就要進一步詢問中間名（middle name）是什麼？是哪一家公司、年紀多大？幾月幾號入住？住幾晚？哪天入住？哪天離開？客人訂房時，訂房組正確的做法是要確定對方住十一、十二「兩晚」，而不能說「從十一日住到十二日」；因爲如果是後者，那是哪天要退房呢？十二日或十三日？

接受訂房同時，訂房組員還要貼心詢問有沒有特別需求，例如住不住高樓層、要靠近電梯或遠離電梯、要不要接機等。換句話說，客人的任何特別要求、特殊細節，都要詳細問清楚、記下來。

找到對的客人是第一步，掌握完整、正確的資料，則是第二步。做好這兩個步驟，後續的作業和服務就會很順暢。一位客人從想要去住某家旅館，到親自或透過第三者訂房，過程當中若有一點閃失，旅館就會得罪客人。如果從訂房開始，旅館能注意每一個細節，準備妥當，後面就會很順利，透過網頁訂房也應該注意這些事項。

訂房組第三個步驟，就是在客人到達前一天，要製作「旅客到達名單」(arrival list)，並送到前台去，如果名單資料不夠詳細，前台便要對照客人的歷史資料，把訂房單的內容補充齊全。例如，已經預付兩天的費用、要接機、喜歡什麼、不喜歡什麼、曾經抱怨過什麼……。從訂房開始的一切預先準備動作，到此才算妥當。

完整執行訂房三步驟，客人入住時，前台人員就可以當場說明：「您上次的房間有人住，這次給您高樓層同樣方位、格局的房間，可以嗎？」或是「這次還是住您固定的房間，您的固定餐位已保留了，沐浴乳已換成您慣用的品牌；另外，這些是寄給您的信。」這麼貼心的安排，一定會讓客人很窩心，因為你把他當一回事。旅館若能這麼為客人著想，客人是會感動的。

以前亞都有位常客白先生（J.White），是位瓷娃娃設計師，從五十幾歲一直到七十多歲經常來台灣，而且都住在亞都。我只要一看到他的訂房單就會提醒大家，「白先生要來了，西餐廳的三號桌要準備好！」白先生入住期間，每晚都會一個人坐三號桌靠牆座位吃飯，所以對面的椅子要先拿走。這就是從客人訂房開始便預先設想、準備好的貼心安排。

進出客人反映旅館風格

受到感動的客人，自然會成為旅館的「活動地標」，他的進出對旅館也別具意義。就好像愛因斯坦曾經是美國普林斯頓大學名譽教授，他不用教授任何

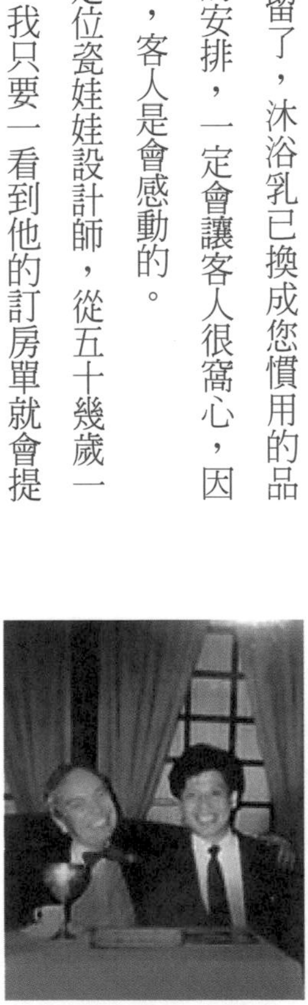

蘇國垚（右）與白先生（左）。

課程，卻享有最高等級的配備：研究費、研究室、研究生……，當時愛因斯坦每天在普林斯頓大學城過著愜意的退休生活（看電影《愛神有約》（*I Q*）就知道）。光是有愛因斯坦這位大師在校園內走動、出入，便是普林斯頓大學的最高榮譽了。

相同的道理，在旅館進出的人，就反映出旅館的風格——時尚年輕、優雅傳統或是販夫走卒……。

客層區隔的目的並不在分別客人優劣，而是旅館的差異化定位。強調精緻路線的旅館，就要特別在這上頭下功夫，訂房、篩選客人、旅館定位，都遵循一致的原則。

頂級旅館的僱員比（staff ratio）總是特別高，例如兩百個房間有四百名員工，僱員比就是二比一，也就是說一個房間會有兩位員工服務。次豪華的旅館可能三百名員工服務兩百間房間。早期香港半島酒店、文華酒店[註]的比例都將近三，泰國普吉島有些高級度假酒店的比例則可到四，那是因爲當地人工便宜之故。

第一時間就用姓氏稱呼客人

每個旅館都會將客人的基本資料、特殊喜好建檔。但會不會善用，就看各

香港半島酒店（The Peninsula Hong Kong）一九二八年建立，位於九龍尖沙咀，是香港現存歷史最悠久的酒店，也是全球最著名及最豪華的酒店之一。二〇〇六年購入十四輛勞斯萊斯魅影（Phantom）車隊。

家功力了。我第十二次去美國迪士尼時，入口處要求大家要按指紋。我按了指紋後，驗票員當場叫出我的姓氏，並用中文「你好！」問候，讓我大吃一驚，以爲自己成了大咖客人，備感親切、窩心，驚喜萬分。經由其他同事提醒，才知道是我胸前掛的名牌洩露了一切。

但是我不覺得自己空驚喜一場，反而覺得那位迪士尼驗票員「知道運用自己掌握的客人資料，帶給客人獨特的感覺」眞叫人驚喜又稀奇。每個人每天都會碰到許許多多店員、服務員……，許多人明明知道你的名字，卻不願意或不知道運用、也不知道可藉此帶給客人獨特感受，眞是太可惜了，也凸顯了許多服務業教育訓練的不足。

我的親身體驗顯示，迪士尼驗票員知道「稱呼客人姓氏」的重要性，也顯示迪士尼的企業管理哲學。企業管理者要想辦法讓員工明白而願意這麼做，了解這種作爲會讓公司獨具特色，和競爭者有所區隔，對公司是可以加分的！

管理者更要親身示範，你記得稱呼客人姓氏，而不會用房號稱呼客人，你會讓客人知道自己得到尊重、是重要客人，也就是讓客人覺得「我是ＶＩＰ，而這家旅館的上上下下也認同我是他們的ＶＩＰ。」

香港文華酒店（Mandarin Oriental Hotel）一九六三年創立，剛於二〇一三年慶祝五十週年慶，隸屬怡和洋行，在二十六個國家有四十五間旅館、十三間旅館式公寓。

旅館的溫馨服務——代收郵件

因為電腦、網路發達，現代旅館客人比較少有代收郵件的需求。早期客人入住旅館前，會有信件、包裹或出口商報價……等等郵件，會先行寄到旅館，旅館稱之為代收郵件。這類郵件可能早客人抵達前三個月寄達，也可能是客人自己寄給自己，因為他做生意全球跑透透，知道自己的行程，所以事先將信件或部分物品寄到下榻旅館。

大西洋中的亞述群島（Azores），位於歐、美、非三大洲的中途地點，那裡有一間酒吧，是當地人和外地人都會去鬼混的地方。你到了那裡可以問酒保，有我的信嗎？他反問貴姓之後，就會轉身過去，從一堆信中找出你的信來。過去很多旅館都提供這類服務。

另一個代收郵件傳統可溯及十七、十八世紀，當時從歐洲出發前往遠東的船隻，都要繞過南非好望角，之後再稍事休息。當時開普敦有一座「桌山」（Table Mountain），山頂是平的，雲霧繚繞時就彷彿是一張桌布垂降下來。前往遠東的船員停在桌山休息時，會寫一封信給太太，然後壓在山腳下。從遠東回來的船員反之則會寫封信給他在異國的情婦，也會用一塊石頭壓在山腳下。路過的船員都會自動去查看有無自己可以幫忙、

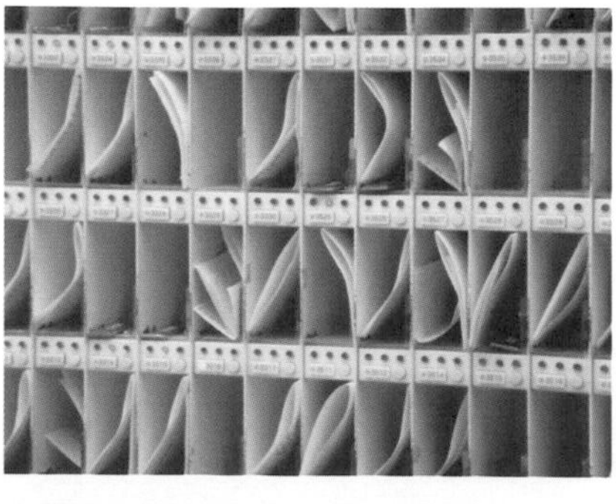

東京王子大飯店的客人郵件櫃，每一個信箱下方的三個燈號各有其代表意義，或指示客人鑰匙已交還，或指示有客人的留言。

順便帶到的信件。

旅館代收郵件服務延續了南非桌山的精神，提前寄達給已訂房客人的信，會照英文字母排序、收好（不是按照抵達日期排，因為日期會更改）。櫃檯人員每天都要留心注意旅客到達名單上的名字，挑出當天入住客人的信件。

旅館是有人情味、有歷史傳統、有故事的地方。可惜現在這種需求越來越少，懂得珍惜、延續這種珍貴傳統的旅館也越見稀少了。

創造會感動客人的情境

善用檔案紀錄，貼心感動客人其實不難，往往小動作就能讓客人覺得自己是VIP。旅館有檔案記載著客人的習性，如房間方位、某些東西的特殊擺法、雖然不抽菸但是要留下菸灰缸放零錢和鑰匙、戒指，要幾條毛巾、要浴衣或浴袍等等。在客人訂房後就可以調出這些檔案資料，預先做好準備。等客人一住進來，一定會覺得驚喜，覺得自己果然很特別。

頂級服務的關鍵，在於主動創造珍貴時刻和差異特色。例如，旅館若注意到客人入住前，便一直有花送來，就應該意識到這是一位特殊的客人，更可主動在客人入住時前往迎接。這就是熱忱款待（hospitality）不同於服務（service）之處，後者是「你告訴我怎麼做，我就怎麼做」，前者則是「主動做更多、更貼心去做！」

頂級旅館展現的主動設想和貼心安排，一切都從訂房時登場；優質服務的第一步感動將從此處開始。

2 服務先遣部隊——接機員和司機

接機員和司機

職務亮點：顧好門面，維持良好印象。
工作內容：根據訂房資料在機場接客人、送上車、由司機直接載到旅館，接機員同時要切實回報客人「情資」。
工作時間：輪三班制。

很多人知道「台灣旅館教父」、亞都飯店傳奇性總裁嚴長壽先生的第一份工作，是美國運通的傳達小弟，較少人知的是，嚴總裁第一個與旅館有關的工作，是「機場代表」（airport representative），也就是接機員。

「機場代表」是什麼工作？在尚未開放國人出國觀光的管制年代，台灣因為物價便宜，大陸未對外開放，因而出現不少對「神秘東方」感興趣的西方觀光客。每當有外國觀光團來台旅遊，旅行社的「機場代表」，就要陪同台灣導遊到機場接機。

當旅客上了遊覽車開始觀光行程，機場代表就要留下來清點行李並裝上卡

香港半島酒店的迎賓禮車車隊。
攝影／蘇國垚翻攝

車，因爲當時載客的遊覽車裝不下歐美旅客數量龐大的大件行李。隨後，機場代表押著行李到飯店，一一清點、交給飯店，再由飯店送到客人房間。

這個工作，連嚴總裁都說得坦白：「實在沒啥大學問。」

沒學問，卻很重要

民國六十八年，嚴總裁已經是美國運通台灣公司總經理，並被挖角到新蓋好的亞都飯店擔任總裁。

亞都飯店和當時台北的星級旅館一樣，也有「服務中心」（bell services）。「服務中心」成員除了行李員、門衛外，還包括機場代表。機場代表和接送客人的禮車司機[註]搭配成一組。接機人員會依班機抵達時間，拿個牌子，上面寫著某某先生/小姐，在機場入境大廳等候，接客人到旅館。

當時亞都飯店還是台北星級旅館的後起之秀，卻沒有因爲嚴總裁的旅行業背景，以團體客人爲「接客」大宗。反之，亞都訴求當時只占來台外國人兩成、以洽商爲目的、渴望精緻服務的商務客源。亞都機場代表的任務，不再是接送團體客人，也不用再搬運、清點、交接客人的行李。

亞都的機場代表除了「接客」外，已被賦予更重大的責任——亞都優質服務的先遣部隊。

禮車司機（chauffer）

英文意思是司機，法文指的是伙夫，因為最早的汽車使用蒸氣引擎，司機要兼填煤工作。當時只有非常富有的人才能擁有汽車，他們通常會僱用司機而不是自己開車。在國外，司機須接受專門訓練，除了交通規則、駕駛技術、簡易保養、安全防衛外，還要有國際禮儀訓練。

客人班機抵達後，亞都機場代表會接客人坐上迎賓禮車，禮車上路後，機場代表則留下在機場繼續接下一位客人，同時負責打電話回報客人的情報給旅館櫃檯，讓旅館事先知道哪位客人、坐哪一部車正前往旅館，預計多久抵達、車上左邊坐的是某某先生、右邊又是某某小姐。

如此一來，當禮車抵達旅館時，門衛就能立刻迎上去，爲客人拉開車門同時親切叫出客人的姓氏，以示歡迎。接手的行李員爲客人拿行李時，也都叫得出客人的姓氏。

所以，機場代表除了迎接客人，還要回報客人情資，這是他的工作重點。

如此講究細節，是因爲在亞都營運之初，嚴長壽就特別強調「人性服務」的特色，堅持所有旅館服務人員，都要能在最短時間內，掌握客人姓氏、身分並且稱呼客人姓氏，好讓客人有受重視的感受。

除此之外，一進房間，客人還會發現桌上擺有印著自己名字的專屬信紙、信封、「名片」。每次撥打總機電話時，總機也都叫得出客人姓氏，因爲總機已事先熟記哪個房間住了哪位客人。

極致款待的細節之一就是稱呼客人姓氏、讓客人覺得自己受重視、覺得自己是被期待的。

這就像客人事先訂位，到餐廳時直接被引導到放了名牌的專屬餐桌，感受到專屬的尊榮感。反之，有些餐廳要求客人事先訂位，但客人抵達時，領班卻

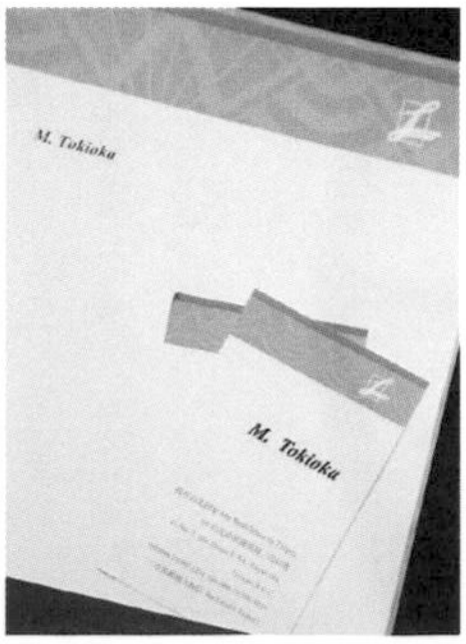

客人入住前先在房間內「低調」擺放客人的專屬信箋，是星級旅館的個人化服務之一。

禮車抵達旅館時，從門衛到行李員都要能叫得出客人的姓氏。圖爲香港半島酒店的門衛正在爲客人服務。

說：「坐哪裡都可以！」這兩者反差很大，帶給客人的感受也大不相同。

帶來尊榮感的禮車司機

往返機場接送客人的禮車司機，最重要的使命則在帶給客人獨特尊榮感，禮車司機從儀容到行爲舉止都非常重要。

機場代表接到客人後，就會呼叫旅館禮車前來，在安排客人和行李上車時，禮車司機會把帽子夾在腋下，等行李和客人都上車，自己才上車、戴上帽子、發動汽車。

開車時，司機要戴著白手套，兩隻手一路上都放在駕駛盤的兩點鐘和十點鐘位置，不能隨意放下來，也不能放在別的位置或單手開車。這麼愼重的用意，就在爲客人帶來尊榮感。

接送客人的司機必須訓練有素，客人講話，司機只能從後視鏡看、不能回頭。若客人不只一位，客人講話時，司機不能插嘴。客人坐定，司機要出發時，當然得先問候一下，並且簡短介紹行車路線，徵求客人對播放的音樂、車內溫度等是否適意，並奉上飲料和報紙，這些都是基本動作。亞都的接送禮車上，一度還設有冰箱，可在夏天提供客人冰涼的毛巾，擦去旅途的塵埃。

禮車司機除了要懂英文，正式上工前，旅館高階主管會先試坐，看司機是否犯「單手駕車」、「回過頭交談」等毛病。每次客人入住，旅館也都會請客人塡寫滿意度問卷，其中一項便是針對接送司機。如果客人認爲不好的項目是態度，主管就要注意處理，如果司機只是語文能力差，比較沒有關係，因爲英文非母語，可以邊工作邊加強。

有趣的是，有時司機英文好反而容易出問題，因爲客人會跟你聊天，容易不專心。老老實實地，反而比較好，司機就能專心開車。除了駕車技術和禮儀外，司機和客人的應對更重要，這是旅館服務人員中，唯一不需要熱心回應客人的，而他該講什麼、不該講什麼，都要拿捏分寸，切忌講太多，更不能口無遮攔。

司機制服是旅館CIS一環

每家旅館都會各自設計制服，當然包括禮車司機制服在內，式樣有中也有西，但是大部分旅館仍以西式居多。旅館制服是企業識別形象（CIS）的一環，式樣、顏色都要從飯店開始興建時，便配合旅館風格、形制一起設計。當然，過了一段時間，服務人員的制服一定會有所改變、調整，算是換口味或氣象一新。台灣有八成的旅館挑選成衣公司的成品，而比較講究的旅館則會請設計師設計，展現獨特設計理念。

著當地特色服飾的峇里島星級旅館司機，奉上毛巾好讓客人擦去旅途的疲憊。

關於接送禮車，我有一段奇妙而尷尬的經驗。

我到香港時，若無意外，一律住文華酒店，因爲曾經在那裡受訓一個月，對旅館上上下下都很熟。有一次我去香港，照例住文華酒店，旅館的萬事通也照例安排司機接機。然而，我出機場一看，傻了！派來接機的禮車，是一輛白色勞斯萊斯，車內座椅的皮套，竟然還是鮮紅色的。原來是文華酒店的萬事通故意這麼安排要捉弄我。

那時候，我還是三十出頭的年輕經理，坐著搭配紅色座椅的白色千萬名車，從機場飛奔市區，招搖過市引人側目，引發這種騷動，我一點也不自在。很可惜這輛拉風的白色勞斯萊斯如今已不在文華酒店了。

香港半島酒店的禮車最講究

接機禮車的排場、噱頭、司機制服以及所造成的轟動，都在凸顯旅館的等級，目前全世界最講究的接機禮車，當屬香港半島酒店。半島酒店擁有十四部勞斯萊斯魅影車系的禮車車隊，這些禮車在酒店大門口一字排開，非常的壯觀。

亞都剛開始營運時，因爲預算不多，購入歐洲福特廠生產車中跑最快、專門和賓士車「大車拚」的千里馬（Granada），作爲接機禮車。後來旅館經營

有著代表「運輸」標章的禮車司機帽。

漸入佳境，就進步到三排座的加長型賓士禮車，負責機場的接送服務。

客人需要旅館接機必須事先預訂，不同層次的禮車，接機價格不一。有些飯店的接送禮車，會分成不同等級和價格；巴士、九人座、一般轎車屬於「基本車隊」，轎車則有Volvo、賓士、Lexus、BMW，台北到桃園機場的接送價位一趟三千元、兩千元、一千五百元不等。有些旅館也備有勞斯萊斯，但不是每次都出動。接送特別貴賓如電影明星的加長型禮車，並不是旅館的常備禮車，有特別需求才會出動，甚至有需要才去租用。

亞都的接送禮車曾經多達六部，但沒有等級之分，當時亞都接機的價格是一趟三千元，當然和坐巴士兩百元不能相提並論。亞都的商務客人多爲老闆或高階主管，所以一天的接客量，和來來飯店等大型連鎖旅館不相上下，然而來來有近七百間客房，亞都只有兩百間，規模相差很大。

禮車選擇要和旅館定位相稱

接機禮車的等級代表旅館和客人的等級，例如，用VW旅行車接機，表示是一般的旅館接一般的客人。若是用保時捷休旅車接機，那就是瞄準年輕時尚客人的旅館，如W酒店。

換句話說，旅館接送客人的車輛，要和旅館等級、風格匹配。禮車規格若超出旅館等級，並不恰當，小旅館卻用豪華休旅車，大旅館配的卻是寒酸接送麵包車，都不妥。何種等級的旅館就用那種等級的車輛接送，過與不及都不好，因爲客人的生活水平、交通工具，都和他訂的旅館等級一致，普通旅館卻用超豪華的車接送，會很突兀。例如用勞斯萊斯接的客人，卻穿著夾腳拖、夏威夷短褲，恐怕連客人都會不自在。

旅館的接機服務中，現代機場代表漸漸不再舉找人牌了，而是進步到「舉iPad」。iPad體積雖然比不過紙牌，卻會發亮，更容易讓客人注意到。舉iPad時，上面可以顯示客人的名字和相片，也可以顯示旅館Logo，方便客人辨識。

但我要強調的是，無論科技多進步，都要融入人性化。用科技介面可以方便客人，讓客人更享受、更舒適，但不能沒了人味，這才是最關鍵的議題。就像NOKIA的經典廣告詞：「科技始終來自人性」，終究還是「人味」的溫暖貼心，可以讓旅館勝出。

旅館的「高科技化」已經愈來愈普遍，上圖為舉著iPad的旅館機場代表；下圖是我在香港的旅館辦理入住登記時，簽名在平板電腦上，不是紙本的表單。

3

旅館的秘密武器

門衛和行李員

門衛和行李員

職務亮點：小兵立大功。
工作內容：門衛在大門口幫客人開車門。行李員等在大門口或櫃檯邊幫客人提行李。
工作時間：輪三班制。

二十歲那年，我對旅館一見鍾情。當時我五專剛畢業，等著當兵，就到中山北路上的中央飯店實習，各當了一個月的行李員和房務員，那是很基層的工作，卻讓我確立職志，一生都要當旅館人。

旅館工作有很多小費，又可以學習英文，對剛從學校畢業的我，有很大的吸引力。但是爲客人服務後，立刻得到客人的致謝，感激、開心的笑容，卻是旅館工作對我的最大誘因。

前頁圖爲香格里拉台北遠東國際大飯店行李員林柏仲。
場地／香格里拉台北遠東國際大飯店
攝影／李明宜

最顯眼的旅館制服大軍

說到行李員（Bell boy），沒有人不明白那是做什麼的，因爲行李員的工作，就是在旅館門口幫客人搬運行李唄！在大門口或櫃檯邊等著幫入住的客人提行李到房間的行李員，隸屬於旅館的「服務中心」，「服務中心」的成員還包括機場代表、禮車司機、萬事通、門衛等。

美國旅館的「服務中心」，英文「uniform service」，直譯就是制服服務。之所以這麼稱呼，是因爲服務中心人員的衣著都像軍服般筆挺，線條剪裁俐落，顏色光鮮亮麗。這是從十九世紀末、二十世紀初的軍服演變過來的，有些還有滾金邊的衣服配上金屬扣子，配戴著帽子，穿起來就像騎兵、鼓手一般英姿煥發；尤其門衛的制服，穿起來更像海軍上將一樣。英國高級旅館的門衛更是身穿大禮服，頭戴高禮帽。

服務中心的頭頭就是萬事通（concierge），組織裡通常還有領班（bell captain），他是行李員的領班，負責督導、派遣行李員。再來有門僮（door boy），是幫客人服務開大門的，台灣有些旅館學日本，愛用漂亮可愛的女性門僮（door lady）。接下來是幫客人操作電梯的電梯員（lift boy）[註]，另外還有在大門外、車子來了就幫客人開車門迎賓的門衛（door man）。

美國紐約曼哈頓島許多大樓及旅館大門前，都會站立頭戴帽子、身著雙

消失的傳奇角色——電梯員

制服人員中，從機場代表到門衛屬於標準配置，但是老式旅館還會有電梯員這個額外編制。電梯員顧名思義是在電梯內為客人按樓層，源於最早的電梯在十九世紀末出現，叫作「垂直的火車」（vertical rail），因安全考量必須有兩道門，也要有專人操作。我所知最傳奇的電梯員在香港希爾頓飯店，他身高只有一百五十公分左右，但開電梯開了三十幾年，直到香港希爾頓拆掉蓋新大樓，客人都視他為該旅館的代表人物。電梯員要認識客人、問候客人，在狹小空間內讓客人感受人味，感覺自己被重視。不少西洋電影都有電梯員趣味點綴，是老旅館逐漸消失的傳奇。

排扣大衣，顯得派頭又威武的門衛。美國父母都會教小孩，在路上遇到問題，就去找「海軍上將」求救，他絕對會幫你的。「海軍上將」指的就是門衛。就像在台灣，小朋友已經知道，如果碰到壞人，可以去7-ELEVEN找裡面的大哥哥、大姊姊幫忙一樣。

其實門衛並不只是幫忙開車門而已，他自有其專業尊嚴。像東京最好的旅館之一大倉飯店的門衛，就有一位七十歲的老先生，他在迎接經濟部長時，會這麼問候：「部長好，從APEC回來了？」夠專業的門衛熟悉時事、人物動向，能做出貼切的問候。順帶一提，以前大倉飯店的萬事通是一位近八十歲的和服婆婆，她就像一本活百科，購物、娛樂、旅遊、美食樣樣通，沒有客人的問題難得倒她。

過目不忘，像掃描器的門衛

在我共事過的旅館門衛中，印象最深刻的當屬當年亞都飯店的門衛老吳，他可能是亞都所有人物中，知名度僅次於嚴長壽總裁的。

老吳怎麼個厲害法？客人入住亞都、第二天一早出門時，總會找老吳幫忙叫車。老吳總先問說：「請問到哪兒？」客人如果說：「天津街二號。」老吳叫過計程車，送客人上車後，就吩咐計程車司機：「請到天津街二號的新聞局！」

換句話說，只要是台北市，老吳一聽地址，就知道那是什麼大樓、哪一個機關。雖然二十年前台北市的大樓不像現在這麼密集，但老吳就是那麼厲害，他下班後會騎著摩托車「巡禮」台北市，以更新他腦中的「台北市建物、路

服務一流的門衛，不僅能一眼認識客人，更能機伶掌握客人的進出動向（圖爲香格里拉台北遠東國際大飯店服務中心人員許緯豪）。

標」資料庫。

到了隔天，一看到同一位客人出現在大門口，老吳會立刻道早、稱呼其尊姓，並確認這位客人是否一樣要叫計程車到天津街二號。也就是說，老吳不但記得客人第一次的需求，他前一天認識了客人，就會去查出客人姓名、住哪一間房。所以才能在第二次碰到時，就以姓氏稱呼客人。

這就是老吳第二個厲害之處——用心記住客人，想辦法用姓氏稱呼客人。老吳因此每天一上班就得趕緊做功課，熟記整個旅館客人全天行程，有哪幾位客人預定要入住或離開，宴會廳有哪些活動要進行……等等。

我擔任總經理時，有天晚上因爲加拿大國防部長預定在八點半抵達，我七點半便四處加強巡視，卻發現早該下班的老吳，在騎樓下四處張望。其實旅館爲了確保服務品質，規定員工下班半小時內一定要離開，免得干擾客人或同事。

我一出聲詢問老吳，他支支吾吾半天才透露，他躲在柱子後想「偷看」哪一位是部長，這樣隔天早上部長要出門時，他才能認出、並喊一聲部長早。

另一次我送一位來商談的客人到飯店門口，並請老吳幫忙叫車，老吳居然反過來對客人說：「小姐，您的眼鏡呢？」客人這才想起自己把眼鏡忘在桌上。

原來這位小姐到飯店找我時，問了老吳，總經理辦公室怎麼走？這五秒鐘的時間，老吳就把這位小姐的外觀「掃描」到腦中，記住了她的穿著打扮，也確定她戴了眼鏡。

這就是像掃描機一樣厲害的老吳。

有次台中的同事帶小孩上台北玩，出門時問了老吳如何搭車去中正紀念堂，老吳指點他們如何坐車外，還好心提醒要注意扒手，結果同事眞的遇到扒手，顯見老吳的厲害。

憨直、機靈、不白目

我一再強調「用姓氏稱呼客人」的重要性，因爲這樣能帶給客人尊榮感，覺得自己被當一回事，他是有名有姓被服務的對象，而不是客人一號、客人二號……。

同樣隸屬於服務中心、同樣要能稱呼客人姓氏的行李員，就有更多「服務眉角」了。

爲什麼行李員的英文叫bell boy呢？有人以爲行李員譯名由bill boy而來，那是誤以爲客人入住在櫃檯結帳後，行李員就會過來提行李，因爲帳單的英文爲bill，所以行李員才叫bill boy。其實行李員之所以叫bell boy，是因爲他所站的小櫃檯上會有個鈴，客人需要服務時，櫃檯人員按鈴，行李員就會出現。

行李員幫客人拿行李到房間時要切記：不可以唸出客人的房號，現在很多旅館為了確認無誤，反而特別複誦房號，其實不妥。過去旅館業就發生過歹徒在旁側聽房號，趁客人外出時闖空門的犯罪事件。

主管面試行李員時，可以挑看起來忠厚老實，但又不遲鈍的年輕人，太機靈、太幹練或油條，反而會讓客人產生戒心。此外，行李員還要有跟客人進行合宜對話的能力，這是為避免在一些無事可做的空檔，比如坐電梯時，客人會感到尷尬。

所以，即使是行李員，也要具備基本對話和社交能力，學會察言觀色。打個比方，如果客人對行李員的問話，只是嗯嗯啊啊回應，表示客人不想講話，行李員就要適時閉嘴。如果客人一直主動講話，行李員得配合回應，不能太冷淡，才能讓客人覺得自在、賓至如歸。

行李員的一般常識、見識也要豐富才行。例如，週末有一家三代住進旅館的客人，可能會問某個展覽在哪裡？有無接駁車？營運到幾點？哪裡好吃、好玩？這些問題，行李員都要事先掌握，才不會被問倒。

如果行李員也有基本外語會話能力，客人的印象會更好，甚至會驚豔。客人一進門就留下好印象，旅館的後續服務以及各種接觸也就會更加順暢。

此外，行李員更要夠敏感，不能白目、叫錯客人的姓氏，也不該直接跟客人說：「某某先生，這是您上次掉在這裡的傘。」

客人需要服務時，櫃檯人員就按小鈴，行李員就會趕緊出現。

謹慎處理失物是有原因的。旅館人員碰到客人掉東西或私人物品遺漏在旅館時，不會主動告知客人，應該等客人自己來詢問。因爲客人可能告訴太太，要去上海出差，但其實是和情婦出遊。如果香港的旅館打電話到家裡，說有東西掉在旅館，但接電話的卻是太太，那就糗大了。

旅館也不能熱情主動寄回失物給客人[註]，除非特別重要或有價值的東西，一般私人小物件如皮帶、手帕、書籍等，旅館會暫時保管，等客人來詢問或下次入住時再歸還。現金、機票、護照、證件這類重要物品，則會聯絡客人的公司代爲取回。超過六個月保存期限後，旅館會報警處理失物，但是在這之前，發現客人失物時一定要登記，避免員工將失物收起來，等六個月後就變成自己的。

我印象最深刻的行李員，是亞都的George。George外形不甚起眼、有點笨拙，但英文講得不錯，常常能帶給客人驚喜。他常用英文跟客人自我介紹：「我是美國國父！」因爲他和美國國父華盛頓（George Washington）同名。

本名賴樹明的行李員喬治，當時念中央大學數學系，因爲家境困難，休學來打工，做了兩年後回到學校繼續學業，成爲數學博士，後來在淡江大學當教授。

另一位亞都行李員歐陽英俊則每天梳理整齊，穿上筆挺制服，站在大門內。他不但會稱呼客人的姓氏，也會用不同的詞句迎賓送客。英俊後來晉升亞

旅館的失物招領處理方式

客人通常搞不清自己的東西掉在哪裡，所以員工拾獲客人失物時，通常會保留十二個小時，以防客人回來找；如果客人沒有回來，再交由房務部處理。房務部會製作一個表格，清楚列出時間、日期、拾獲者、失物內容，然後將失物編號上架，過了六個月沒有人認領，再以拍賣、歸還拾獲者或其他方式處理掉。失物招領單要填得很精確，放置失物的小房間要上鎖，半年清理一次。比較麻煩的是客人的文件，有時是不小心遺失的，但也有自己丟棄後又後悔，要求旅館翻垃圾桶找回來。我也碰過香港客人回去後，打電話回來找自己沒帶走的刮舌苔工具。

都業務經理，現在移民洛杉磯代理天仁茗茶。

每個員工都是「行動」訊息中心

我曾參訪美國佛羅里達州的迪士尼世界，遼闊的樂園中廣設訊息中心（information booth），遊客可以隨時隨地查詢遊行時間、哪個秀最好看、哪項遊樂設施目前排隊的人最少……。

然而，再怎麼貼心的設施，也要兩、三百公尺才有一座訊息中心。於是，園方便訓練清潔人員也能主動、熱情、專業地提供遊園資訊。

換句話說，公司將這些清潔人員「升級」、訓練成園區的行動訊息中心。

因此，這些看似和遊樂設施、表演節目無關的清潔人員，在公司設定的「款待」、「眞心服務」宗旨下，被訓練成具有貼心、主動服務精神的「行動訊息中心」，協助解決遊客一切問題。公司也提供小摺頁，上面印有本週所有活動、煙火施放時間、遊行時間、該注意事項等訊息，好讓他們可以「看小抄」。

迪士尼的經驗透露，訊息中心是死的、是靜態的，而員工是活的、動態的。園方培養他們「自己就是主人，要給客人最熱忱的款待」，並訓練他們具備資訊中心的功能，不但成了特色，更讓客人和園方雙贏。

所以就算只是行李員，旅館除了應有的教育訓練外，也要能提供員工願景，讓他們知道，當行李員除了可賺到許多小費外，還有許多無形的收入，客人感激的微笑、和客人互動帶來的成長等等，都是無價的收穫。

迪士尼精神運用在旅館經營，就在提醒旅館經理人，機場代表、禮車司機、行李員等這些和客人接觸時間有限的服務人員，除了找對人很重要之外，其實也應該接受充分的教育訓練，因爲他們在第一線接觸客人，帶來最直接的體驗，是極致服務的秘密武器。

4

疑難雜症 使命必達

——萬事通

前頁圖爲香格里拉台北遠東國際大飯店的萬事通鍾小淋。
場地／香格里拉台北遠東國際大飯店
攝影／李明宜

萬事通

職務亮點：旅途中最佳的助理。

工作內容：幫客人解決任何問題，只要是合法的，就算是不合理的超級任務也要設法完成。

工作時間：上午九點到下午五點。

電影《小生護駕》（*For Love or Money*）中，男主角麥克．福克斯（Michael J. Fox）飾演飯店的萬事通（concierge），專門爲客人處理各種疑難雜症。電影最後，他代爲服務、處理過麻煩事的所有客人，統統現身幫他追回女朋友。現在許多旅館稱「concierge」爲禮賓部，我還是喜歡稱爲萬事通。

眞實世界裡，旅館萬事通的工作，就是幫客人處理問題。當客人有需求，不知該找誰求助時，就會找上萬事通。萬事通爲協助客戶解決難題，常常要動用自己的人情和人脈。所以，做個萬事通，平常就要廣拓人際網絡，不論私人或公務關係，在緊要關頭都可以派上用場。

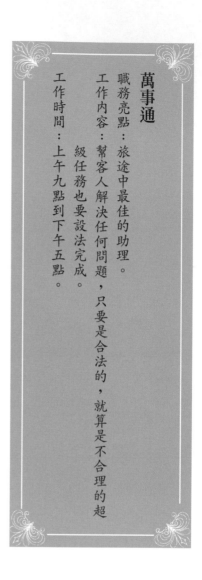

只要不違法，都可以為你實現

時空轉到台北某家星級旅館。有一天一位義大利籍客人，走到雙領上各掛著一對金鑰匙的萬事通面前，撂下一句話：「下週我的辦公室開幕，幫我弄輛法拉利來造勢。」說完就離開，甚至沒提到費用問題。

這是十多年前的事，當時路上沒幾輛法拉利，花多少錢都租不到。這位萬事通開始想辦法動用所有人脈，幸好即時想到畢業後不曾主動聯絡過的小學同學很有錢，也愛玩車，於是姑且打電話一問。結果，客人公司開幕那天，小學同學帶來了法拉利車隊。

這個霸道的要求，完美落幕了。

場景轉換，還是同一家旅館，同一位萬事通。

一位日本女客，拿著一張紙，上頭寫著台北永樂町、西門町、太平町[註]等台灣日治時代的住址，想要知道現址是什麼、怎麼去？萬事通當場裝平靜，連連說沒問題，其實臉上三條線，不知該怎麼辦。

後來他請教了身邊長輩和戶政事務所，一一問出現址，還在地圖上標示出來，讓客人非常感動，一直點頭稱謝，回到日本後寄來感謝函：「非常感謝你，讓我能夠再度造訪我爸爸當年在台灣出生、上學、工作以及居住的地方，讓我重新走訪爸爸當年在台灣的足跡。」

今昔地名
大宮町：今大直
太平町：今延平北路
榮町：今衡陽路
永樂町：今迪化街一段與甘谷街

萬事通的工作就是如此包山包海、無所不能，英文中以「A到Z一手包」來形容。前面第一個故事屬於富二代或有錢人的任性，第二個故事則是小人物的心願，兩者都不是簡單任務，萬事通卻要秉持在所不惜的態度完成。這就是萬事通的工作——做了對自己沒什麼好處，旅館也賺不了錢，一切只為「不負客人所託」。

萬事通的工作原則不在判斷客人的要求，而是「只要不違法，我就幫你完成心願」。要落實這個原則，牽涉到旅館的經營理念和哲學。萬事通是客人的最後希望，客人通常在面對無法處理的事情，可能要放棄了，最後才會找上萬事通，當然不能讓他們失望。早年台灣的旅館沒有「貼身管家」這項服務，萬事通還兼貼身管家，因為這兩個職位都在提供頂級服務。

旅館的非營利單位

大部分旅館經常大小眼，先「評量」客人斤兩，以及會帶入的實質收益，才決定要熱情洋溢完成客人所託，或是應付了事。但是眞正的好旅館既不會大小眼，也不區分大小客人。

因此，一家旅館若設有萬事通服務，就表示公司和總經理已授權萬事通，讓他盡一切可能完成客人需要，也表示經營管理者在企業的經營哲學上有「客人所託，使命必達」的認知，才會設萬事通這個職務。

除此之外，萬事通的工作往往是「花錢而不賺錢」的服務，客人除了必要支出如代訂餐廳花費或代購表演票劵外，是不用另外付費給萬事通，旅館也不會額外收費。所以，萬事通的設置目的，自然不在爲旅館賺錢，而是在提升旅

萬事通的設置目的不在賺錢，而是提升旅館形象。

館的服務水準。

雖然不收費，但萬事通常會有優渥的小費收入。我在亞都飯店的第一個工作，就是在大廳站崗的萬事通，因爲幫客人處理過的問題千百樣，也因此和許多客人建立情誼。有些客人不見得拿出豐厚小費，但會用力握緊我的手，表達感謝。有的客人則斯文地握手致意，卻輕巧地將摺成小方塊的小費塞給我。

能夠擔任萬事通職位者，是要經過法國金鑰匙協會[註]認證，兩邊領子上各掛一對金鑰匙。設有萬事通的旅館，就是一間夠格的好旅館。所以外國旅館在簡介或網頁上，特別註明提供萬事通服務的，內行人一看就知道這是高水準服務的旅館。

金鑰匙協會亞洲總會設在新加坡，日本、台灣、香港也有分會，台灣分會隸屬於新加坡，但其實香港的萬事通發展比新加坡來得更早、更有歷史。

金鑰匙代表全世界都認同的水準，客人會選擇入住設有萬事通的旅館，就是認同萬事通這個品牌。萬事通專業、積極、主動、鍥而不捨完成任務的精神，造就了許多傳奇故事。《神鬼認證》（*The Bourne Identity*）、《新娘百分百》（*Notting Hill*）等多部電影中，萬事通都扮演了解決疑難雜症的關鍵性角色。

萬事通也是代表旅館的活招牌，是旅館很重要的資產，我稱之爲公司的非營利（**non-profit**）單位。這個非營利單位本身不會賺錢，卻可以提升旅館價

法國金鑰匙協會Les Clefs d'or（The Society of Golden Key）

一九二九年由十一位法國巴黎豪華旅館的萬事通成立。一九五二年萬事通之父費迪南德．吉列特（Ferdinand Gillet）在法國坎城成立歐洲金鑰匙協會。一九七二年才組成全球性的組織，目前有四十二個國家的分會，五千位會員，台灣分會成立於二〇〇一年。

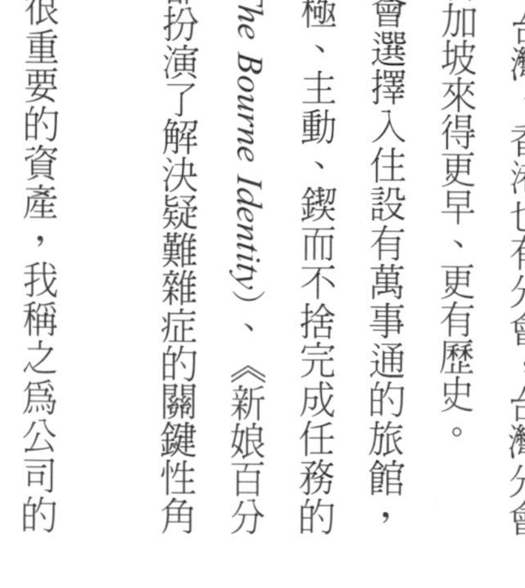

值。

源自法國，神通廣大

Concierge是法文，這個職業也源自法國。在十八、十九世紀時，貴族豪宅的管理員，專門管理馬車、幫住戶叫車等，偶爾會幫忙訂戲院、歌劇院票或表演門票。在《茶花女》等法國文學名著中，都可以看到這個角色。法國大革命時，許多貴族死在斷頭台上，許多豪宅大廈因此被平民收購，進一步轉型成旅館，萬事通這個職位因此保留下來，並流傳至今。一九七〇年代，法國曾發生萬事通聯合壟斷巴黎各類表演所有門票的不名譽事件，涉案達二十多個人，可說是大規模的高級黃牛集體犯罪。這雖是一樁醜聞，但也顯見萬事通的本領和影響力有多大。

當年我做萬事通時，曾有客人給了我一個超級任務——包機環島遊台灣，因爲這位美國客人一向搭飛機旅遊。雖然我提醒他，台灣很小，搭飛機遊台灣的結果，會浪費所有時間在飛機起降上，但客人仍堅持原意。於是我發揮萬事通精神，訂到遠東航空公司的包機服務，費用是每天兩萬美金，相當於新台幣九十萬元。

別以爲這個任務的結局是：「客人搭機遊台灣，對美麗的寶島留下深刻印象，非常稱讚我這位萬事通，還賞給我優渥小費。」相反的，雖然我問到租包機的情報，但是當天晚上客人便失去玩興，回到旅館只交代我一聲「取消！」我也只好硬著頭皮善後。

上門就是客，不消費也服務

一九八三年，我去香港文華酒店見習，到蘭卡佛百貨（Lane Crawford）購物，看上一雙鞋子，很想買卻發現錢不夠，我立即打電話向文華酒店的萬事通Henry Wong求救，這位資深萬事通問明我的所在位置後，過了十分鐘，就有人送錢過來。這就是萬事通厲害之處，他就是有辦法、能夠隨時動用自己的人脈，辦好交辦的事。

Henry的老闆Giovani Valenti年近七旬了，但還在做萬事通，是香港萬事通的教父。大部分老客人不一定在乎飯店總經理是誰，但看到熟悉的萬事通穿著及膝的西裝外套、站在萬事通櫃檯後面，就會覺得心安，因爲他們知道，只要有萬事通在，多少天大的難事都可以交付給他。

我如果到香港，一定會去拜訪Giovani Valenti，也一定帶上伴手禮，一方面是維持彼此情誼，另一方面也是因爲我們客人到香港時，可以麻煩他多多關照。他都叫我「Boss」，因爲他說我是歷年來所有見習生當中，後來唯一當上

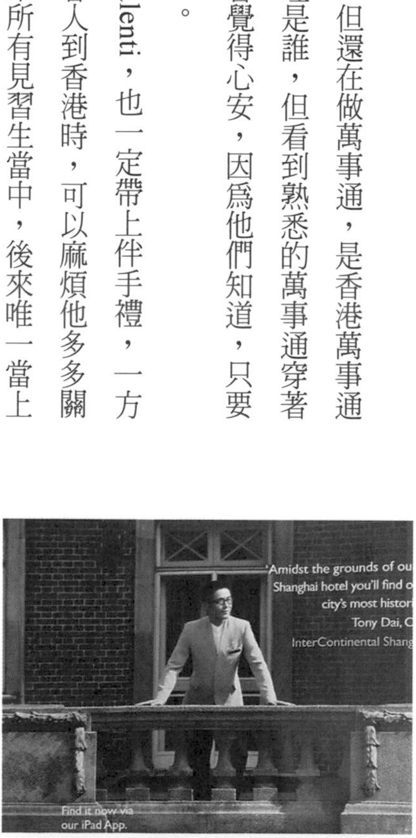

洲際酒店曾以萬事通做形象廣告。

總經理的。

我常強調「客人」跟「顧客」的差異性，像是銀行對顧客以戶頭（account）稱之，感覺很冷漠，律師事務所稱顧客為委託人（client），百貨公司稱顧客為消費者（consumer），貿易公司稱顧客為買家（buyer），而醫院的客人最可憐，因為病人（patient）上醫院必須要有「耐心」！

蘇國垚（中）和香港文華酒店的萬事通教父Giovani Valenti（右），左為文華酒店的副總經理Danny Lai。。

各行各業中，只有旅館稱呼上門的顧客爲客人（guest）；只要上門便是客，不是有消費了才算客；只要是旅館員工以外的，就是客人，不論對方有沒有消費。當司機到飯店門口接客人，雖然他沒有消費，還是要好好服務，因爲他可能是客人的朋友、秘書或其他關係人，他對飯店的觀感自然會影響到有消費的客人。萬事通服務更不限於來旅館消費的客人，這就是這個職業奇妙的地方，不光是旅館的客人，只要上門他也會服務。

我在美國求學時的教科書上，記載了芝加哥百年旅館Palmer House的故事；這家旅館的萬事通竟然將服務對象擴大到社區的住戶，台北人應該不會找住家附近的旅館萬事通解決困難，若眞有人這麼做，萬事通恐怕也不會提供服務。但是萬事通眞正的服務精神就是，只要找上他，他就會協助，是個很獨特的職業。

經營者如果斤斤計較服務的對象，遲早會遭到唾棄，更會局限自己的格局。如果你貼心去服務、貼心地設想，甚至預先設想客人還未想到的，對方就可能成爲你的終身客人，並且不斷傳遞好口碑，否則就是「口惡」了。

好的飯店也是這個道理，你的萬事通服務是否讓非客人或社區的人也可以用到？這才是眞正的服務。設置萬事通是一種投資，是品牌的認同，所提供的服務要讓人讚賞，就不只是做到滿意服務，而是要超越滿意，讓被服務的人驚喜（surprise），而不是驚嚇（shock），是頂級飯店經營者的可敬格局。

萬事通公司
（Concierge company）

善為發揮萬事通服務精神的商業模式，在美國有Concierge公司專為客戶提供服務，在許多對外營業的高級百貨公司和醫院內，提供concierge的服務。這些公司如Element Lifestyle、Ten Group、Legatto Group等。英國則有許多銀行提供萬事通服務給頂級信用卡客戶。

5

提供美食 經營人脈

餐廳長

餐廳長

職務亮點：氣氛指揮家。

工作內容：餐廳的靈魂人物，把餐廳營運得完美無缺，讓客人每一次都享受獨特的用餐經驗。

工作時間：餐廳營業時間。

推門進來的是多年的熟客，頭髮花白的餐廳長（maitre d'hotel）立刻迎上前去，他注意到客人的臉色有點不悅，試探性地問好：「好久不見！」客人回應說：「嗯！」餐廳長再問：「出國啊？」客人還是很冷淡：「嗯！」

餐廳長不再多嘴，只是有禮貌地將客人帶到預約的座位。回到櫃檯，餐廳長立刻在預約登記單上、該位客人的名字旁，寫了個小小的阿拉伯數字「4」。

這家餐廳發明了「客人快樂指數量表」作爲服務的參考依據，量表從1到10分十個等級。快樂指數如果是7分以上就沒有問題，也不會特別註記。但是

前頁圖爲台北亞都麗緻大飯店餐廳長柳信郎。
場地／台北亞都麗緻大飯店
攝影／石吉弘

如果在7分以下，如同上述這位常客，快樂指數只有4，顯示這位客人雖然喜歡來此用餐，但目前沒什麼心情聊天。餐廳長便會特別註記，讓點菜的人、點酒的人、服務的人、廚房的人了解情況，但是，不是要大家「皮繃緊一點」，或「少惹爲妙！」

餐廳長是餐廳的核心價值

相反地，那天當班的人，看到快樂指數被註記爲「4」的客人，就會試盡辦法讓客人開心起來。不會明講討好的過程、方式，可能是特別有趣的點子，或是很特別的服務內容，這麼做的目的就在讓客人用完餐後，不但肚子得到飽足、味蕾得到滿足，整個人恢復元氣，原本低潮的情緒也會重新振作、開心起來。

能這麼用心透過用餐經驗「鼓舞」客人的餐廳，就是被衆多媒體報導、也被許多學術文獻引用過，位於美國維吉尼亞州的「The Inn at Little Washington」註，TLC旅遊生活頻道也有多次報導。

這間旅館只有十八個房間，客房很少，餐廳卻有一百多個位置，只供應晚餐，客人卻需要在三個月前預約。

餐廳長接待的多爲老客人，和客人都是彼此稱呼名字的交情。小華盛頓

註 The Inn at Little Washington
創立於一九七八年一月二十八日，創辦人兼主廚為歐康奈爾（Patrick O'Connell），設於距離美國首府華盛頓車程兩小時的維吉尼亞州小鎮小華盛頓（Washington, Virginia），客房十八間，餐桌三十張，只做晚餐，一餐約兩百美金（含小費及稅）。

這家餐廳很有名的是，可以接受客人特別訂位，用餐地點就在廚房正當中的主廚特別席，搭配一套特別儀式，有小童領你路，經過走廊，穿過酒窖、廚房，鄭重地帶領客人到用餐地點。客人一邊用餐，旁邊就是忙成一團的廚房工作人員。

餐廳的英文restaurant來自法文，有再恢復、重新充滿元氣（restore）的意思，事實上也是如此。旅館的原始功能也與此相同，就是旅人在旅途中到旅舍休憩，重新充電，再踏上旅途，也就是「家外之家、賓至如歸」的意涵。

正如旅館的原始設立宗旨，餐廳就是在一天中的不同時段，早、午、晚，下午茶、消夜或喝酒時，都能讓你重新充電、元氣飽飽。透過美食、用餐讓客人重新充電的，可能是餐廳的食物、人與人的接觸、整體的氣氛，也可能是一個能夠放空、放鬆、自在的空間，或是直接供應卡路里、熱量和能量。能夠療癒客人心靈的美食經驗，食物的美味只占五成，另外一半則來自餐廳長的專業，以及他的用心營造和服務。餐廳長是餐廳的靈魂人物，就像總經理是整個旅館的靈魂人物一樣。餐廳長是餐廳的指揮、核心價值，他的工作就在把餐廳營運得完美無缺，甚至要讓客人發出驚嘆。

不著痕跡提供所需之物

餐廳長和萬事通並列為旅館的兩大門神，萬事通九八%服務外地客人，本地客只占二%，餐廳長則以服務本地客為主。

所在城市的客戶，都是餐廳長所掌握的人脈。有時餐廳長與客人的關係比總經理還要密切，因為客人到餐廳用餐時，成敗、情緒其實都掌握在餐廳長手中。

要勝任「餐廳的靈魂人物」職位，除了熱忱、樂於分享，還要有敏銳觀察

經法國國際美食協會（Chaine des Rotisseurs）認證的星級餐廳都有認證標誌，照片上的紅色旗幟與標章，代表服務和美食都在水準之上。這個協會歷史背景可追溯到西元一二四八年，當時法國國王組織了炙烤公會（Guild of Spit-Roasters），讓其擁有特權來烤鵝，後來還受皇家贊助並擁有自己的徽章。

力，更是一個主動積極的人。餐廳長會具體注意每一個細節，非常敏感地體會到客人的喜怒哀樂，這些特質正是本書所介紹的每一個旅館人該具備的特質，也就是會順著客人的情緒、心思，適時、不著痕跡地提供所需。

以前亞都接待過三商行陳先生，他慣用左手，所以餐具都要事先重排。三商行代理進口的日本啤酒，亞都並未進，但爲了接待這位貴賓，我們會特地去買這個品牌的啤酒，同時拿出已進貨的三商行代理威士忌作爲禮遇。亞都另一位客人是代理徠卡相機的台灣實密公司主管，他的腰不好，我們會在座位上特別加工，讓他坐起來舒服一點；另外有位葉姓資深媒體人，是美食家，每次來亞都都會自己帶醋；也有客人自己帶茶葉來……。客人的特殊喜好不一而足，餐廳長都要能瞭若指掌，並配合客人習性調整服務方式、內容，而且要表現於無形，切忌對客人特別提起，這樣客人才會覺得溫馨、貼心。

這就是餐廳長的工作：熟悉客人的特殊好惡如偏愛的食物、用餐目的、要招待什麼樣的客人、誰是主客……等，適時運用建檔資料之外，還要融會貫通。雖然服務人員應該用客人的名字來招呼，偏偏有人可接受經理打招呼，卻不喜歡員工「裝親熱」，這就要特別註記下來，否則客人可能因爲員工過分「盡職」工作而不再上門。

原則上，家庭式餐廳可以盡量和客人拉近關係，客人也會介紹親朋好友給服務人員，經理更會特別做私房菜款待熟客。如果是商務餐廳就不適合這麼做，對客人也應該以姓而非名稱呼。餐廳長更要拿捏分寸，有些客人可以允許一定程度的刺探，有些人很喜歡跟你私下交談，有人卻一點也不允許你關心其私事，必須小心斟酌，無法用同樣模式應對每位客人。

我自己就很喜歡去天母某家餐廳，我每次去，經理都講同樣的問候話，但聽了很舒服，她每次都說：「今天跟家人用餐啊！」就這樣，沒有再多說什麼，也不會進一步刺探，除非我主動開啓話題。平常日我也會去，但若是商務用餐，她就不會多嘴。她的問候在讓客人知道她認識你，她知道你平常會來商務用餐，假日則會帶家人來用餐，但是她不會從這些問候再追問說：「蘇先生，你是做什麼的？」而我也不想和她進一步親近下去。這種話術非常微妙，一不小心就會弄巧成拙。

不可直接問「用餐目的」

餐廳長要稱職，很不容易，因爲竅門繁多。例如，對第一次上門的客人，餐廳長要設法知道：用餐目的？跟誰來？請誰？用哪些料理？他有沒有可能再回來？這些問題要設法間接了解，而不是「直接問客人」。就像萬事通碰到常客入住時，可能會問：「您這次住幾天？也是洽公嗎？」客人可能回答：「不，這次帶家人來。」你就知道客人的旅行目的了，不能直接問「請問您這次來這裡的目的？」

或者，可以在客人訂位時，間接詢問：「請問我們可以先幫您準備些什麼？」而不要直接問客人的用餐目的。與其問出客人的用餐目的，更重要的是掌握客人是否有用餐忌諱，例如，不同宗教會有食材的特殊需求，帶年長者、素食者或嬰兒來用餐，也都需要餐廳事先特別準備。

若無法在訂位時得知這些訊息，就要在客人抵達後，很有技巧地「打量」客人。最高段的打量客人法，就像熱門影集《大偵探福爾摩斯》那樣，只要看一眼，就能掌握客人的職業、年齡、生活習性等基本訊息，也許大多數人覺得不可思議，但真正傑出的旅館人，都有這種「天分」。

客人有主、客之分，餐廳長除了服務好主人外，對客人的客人更不能忽略。也就是說，餐廳長要代理主人，照顧好主人的客人，更要照顧好同桌的弱勢者，如小朋友、長者或鄉下來的鄉親，或是該餐廳的初體驗者。這時，服務人員就要很巧妙地、預先做好該有的動作。例如，客人上門圍桌吃中餐，其中有一位西方人，餐廳長事先準備好刀叉，卻發現這位西方客人其實很會用筷子，這時就要悄悄撤掉刀叉。這麼做就顯得貼心，不用問、不必客人吩咐，由自己觀察而提供的服務才珍貴。這裡的「眉角」是，要暗中做，不要刻意說出來，否則好像在邀功。

掌握時事，要能辨認客人

認人能力，是餐廳長的第三個能耐。有一些人想讓你知道他是大人物，又怕你眞的認出來，如果你眞的沒認出他來，他又會生悶氣。這種客人心裡自認爲是大人物，如果大家都把他當普通客人看待，他就會生氣。有一次我在某家大酒店，就目睹客房部主管面前連續走過兩位前院長和立委，他卻沒認出，當然更別提能立刻招呼一聲「院長好」。

餐廳長要不白目、要能認出該認出的人，就要多看雜誌，報紙、電視新聞，以便掌握時勢。因爲誰是當紅大咖、誰是過氣人物，這些人的長相如何，都要慢慢累積，無法惡補，也無法像《穿著Prada的惡魔》電影中的時尙雜誌總編輯一樣，有助理在一旁提示。八卦話題以及熱門的社會新聞外，客人若談到藝術、科學等深度話題，你也要能搭得上話才行，得多涉獵Discovery各類型的知識性節目和書籍。我有一次和某航空科技的主管用餐，問出「飛機的金屬疲乏度」這種話題，讓在座的航空專家嚇一跳，這就是有意思的話題。

餐廳長第四個「眉角」就是「熟知客人習性」。已過世的前總統府資政林洋港，生前去過亞都飯店，那時我是總經理，看到他來，我就有心理準備，知道他可能會找我喝酒，因爲熟知他的「表面張力」這句名言。又例如有些客人酒品不好，喝了酒會毛手毛腳，餐廳長就要牢記，小心不要派女性服務員進

用餐的國際禮儀

餐廳長也要精通國際禮儀，熟悉中、西式座位安排。國際禮儀的最高原則是女士優先，傳承自中世紀的騎士精神，所以上菜一定是從女客開始，但一定要等大家面前都上了菜，才可以一起開動，否則便不禮貌。所以廚房作業一定要配合好，不能大家的主菜都上了，卻有一人的魚還沒蒸好，面前空空如也，也絕對不能有人還在用沙拉，有人就喝起了湯。若碰到吃得特別慢的人，餐廳長可以提醒他，或將這個人的菜先保溫起來，等他吃完前一道後再上，否則大家就都要看著這個人進食，若碰到話特別多的人，可能所有人都要餓著肚子。

另外，中西式坐法的最大差別，就在中式時夫妻會坐一起，西式坐法則一定要男女交錯著坐，夫妻更一定不能坐在一起。西式習慣要讓每個人都有機會跟平常不容易碰到的人聊天講話，才能達到聚餐吃飯、互相交流的用意。

去，以免引起不必要的麻煩。

摸熟客人習性，別問預算

客人用餐時在一旁不著痕跡地觀察，是餐廳長的第五個「眉角」。客人是每盤菜都沒怎麼動、吃很快、吃光光……，餐廳長要「觀察而非詢問」客人對各道菜的反應，然後反映給廚房，好即時調整。例如，上了幾道菜後就沒怎麼吃，那表示可能已經吃太飽了，下面的菜就直接打包；如果每一盤都吃光光，可能是菜量不夠，後面便多加一道比較吃得飽的菜式。如果是吃西餐，麵包、奶油、水、飲料這些基本食物，也要確定客人「需要就吃得到」。這樣，由餐廳長領軍的美食劇，才能夠完整、完美地演出。

協助客人點菜時的訣竅就更多了。最忌諱的是直接問客人預算多少，反之要察言觀色，並建議式地推銷菜色，不要直接問「您要吃些什麼？」而是提供選擇題讓客人挑。如果從你建議的龍蝦、菲力牛排，一路降到圓鱈，客人才點頭，你就知道客人的預算尺度在哪裡了。如果能這樣提供選擇題，逐步引導客人選到適合其所需的菜，客人就會覺得你很貼心。

有時客人不聽建議，選了麻煩菜色，例如點了肋排給小朋友吃，結果吃得滿嘴滿手油膩膩，這時你也不應該在心裡暗爽說，「早就告訴你了！」而應

穿衣規範（Dress Code）

「Code」這個字的意思是「密碼」，也有規範的意思，「Dress Code」就是穿衣規範，規定在什麼場合要怎麼穿衣服。古代每個人因為階級、身分、職業不同，不能隨喜好穿衣，在不同場合也有嚴格的穿衣規範。我在美國就看過通煙囪的人穿著制服、戴高帽在工作。

所以許多專業人士透過衣著來凸顯他們的專業，醫師、護士、屠夫、飛行員、修飛機的人……。何種制服就代表你是何種專業。

在某些社交場合，也應依據其功能和專業穿特別的衣著，例如泳裝便是有特別功能的穿著，又比如大使遞交「到任國書」時，就應該穿晨禮服（morning suit），那是高禮帽，長身、方角的外套，灰色背心、白襯衫，灰色斜紋領帶，灰黑條紋的長褲。

參加白天的園遊會（garden party），白天的婚禮或白天的賽馬、賽狗，男士都應該穿晨禮服，女士則穿長裙、拿小洋傘、戴寬邊斜帽，就像電影《窈窕淑女》中女主角的穿著。這是紳士淑女最能夠裝模作樣的場合，而女士最怕撞衫。

晚上的場合穿著要更正式，男士要白襯衫、白領結、白背心、燕尾服、有緞帶邊的黑色長褲，亮皮的鞋子，有時甚至要戴手套。女士就要一件式長禮服，露事業線，小珠包，不用戴帽子，因為在室內。這是參加國宴、很正式的宴會、諾貝爾獎領獎的穿衣規範。

觀賞晚上的表演則穿小禮服：黑色領結、黑色背心（或不用穿）、大而寬的腰帶，黑色有緞帶邊的長褲，短的黑外套，參加一般的晚宴、婚宴、奧斯卡獎、聽歌劇、高級賭場，都該這麼穿。我嫁女兒就這麼穿，也就是人生最重要場合，可以這麼穿。

我們收到請帖，若上面寫black tie就是打黑領結的指小禮服，white tie就是要打白領結的大禮服。台灣請帖上寫的formal就是晚禮服，business suit就是西裝，casual就是不要太隨便就好，整套西裝或對比色的西裝就可以。

身為旅館人要很注意合宜的穿著，客人來赴席若穿錯衣服，旅館也備有可以替換的衣服，例如領結或深色西裝，女士則一定要回去換洋裝。

該準備好面紙、濕紙巾等，讓客人取用，客人就會很感謝。現在有許多媽媽會隨身帶剪食物用的剪刀，好把小孩的食物剪成小塊。你看到了，就可以事先在廚房把食物切好再上桌，讓媽媽驚喜。如果老人家點了飯，你就可以提醒說今天的飯比較乾，是適合做炒飯的，建議他換成麵。稱職的餐廳長要能夠像這樣，在客人背後扮演好支持者的角色。有時當客人希望「被忽略」，一個人安安靜靜用餐，餐廳長也要尊重、配合客人心情。消費者碰到這麼好的餐廳和服務時，不一定要回報以高額小費，讚美詞或讚美信都是很大的鼓勵。我的好朋友肯夢（Aveda）的朱平就深諳這個道理，他去餐廳用餐前，一定先去跟主廚打招呼，這麼一來，就會得到精心烹調的一餐，也會特別美味；用完餐要離開時，他也會再去廚房打招呼、表達謝意。

如果一家旅館的萬事通和餐廳長這兩大門神都能達到這樣的服務強度，稱其所向無敵，誰曰不宜呢？

6

創造滿分用餐經驗

酒侍

前頁圖爲台北亞都麗緻大飯店
巴黎廳的酒侍莊明仁。
場地／台北亞都麗緻大飯店
攝影／石吉弘

酒侍

職務亮點：專業魔法師。

工作內容：須對酒非常專精，包括種類、年份、酒廠、歷史資料、故事等等。爲客人推薦酒、鑑定酒，也要品嘗酒，知道怎麼保存酒，並且爲酒搭配菜色。

工作時間：餐廳營業時間。

美國內華達州拉斯維加斯著名旅館Bellagio，二〇一〇年曾在雜誌上刊登一則黑底、跨頁的醒目廣告，上面只有一段文字：全美共有九十六位有執照的酒侍（sommelier），本旅館就有六位。這個廣告透露，幅員廣大的美國，竟然只有九十六位酒侍，可見是多麼稀罕、珍貴的專業。擁有酒侍的著名旅館，更是把酒侍這個專業人員當成寶、當成旅館的特色。事實上，要成爲酒侍相當困難。酒侍有點像是學術的博士，博士頭銜雖有「博」這個字，其實我認爲應叫「精」士才對，他會把一門學問研究得很細、很深入，而且他的專業只有他懂。

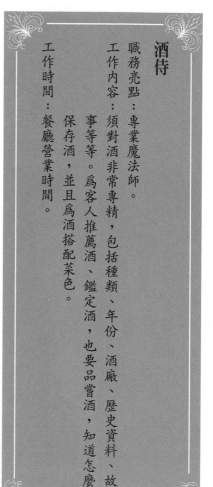

全世界只有兩百多位……

與博士類似的酒侍，就是對「酒」專精到一般人想像不到的地步，包括熟悉每一種葡萄種類，清楚每年、什麼地方產的葡萄好或壞，哪個酒廠、哪一年份的酒好、好在哪裡、壞在哪裡。甚至，對每年每個酒廠的風災、雨量、日照量、山坡排水情形……，都能掌握。

酒侍是源自法國的專業工作，可以幫人鑑定酒、推薦酒、品嘗酒、保存酒。擁有酒侍的餐廳，餐廳長會在客人點完菜後說：「接下來，由我們的酒侍來爲您推薦酒。」

要拿到酒侍執照，需要經過考試，目前全世界約只有二一四位，堪稱稀有；台灣有人宣稱自己是酒侍，但是否經過認證則不得而知。

酒經就像茶經一樣，很多人都可以講得頭頭是道，但是拿來當專業靠它吃飯，則是另一種境界。首先，酒侍必須懂餐，所以較有可能栽培成酒侍的人，就是曾在頂級餐廳做過很久的服務工作；若能進修酒的知識，再加上工作場所有機會可以接觸名酒或頂極酒莊的酒，就較有潛力成爲酒侍。如果他只是賣幾千塊錢的酒，也沒什麼用處，至少要賣過上萬元甚至十萬元一瓶起跳的酒，才算有足夠閱歷，較有資格成爲酒侍。說句玩笑話，沒喝過美酒，至少要看過美酒的酒瓶才行。所以要成爲酒侍，是有其外在客觀條件的。

我記得多年前新加坡霸菱投顧，幾個把客人的錢大把賠掉的交易員，就曾經一個晚上喝掉新台幣七十幾萬元的酒，那些都是五大酒莊[註]的名酒，而他們爲了「配酒」吃的餐才五萬元。一家旅館的餐廳如果眞有如此講究美酒藝術的客人，就要有人能夠提供這樣的專業服務才行。

通常酒商會在星級旅館舉辦試喝或品酒會，酒侍就要選擇適合旅館客人定位及菜色的酒。好的旅館會有酒窖，備有紅、白酒和香檳，保持恆溫攝氏九度到十五度之間，還不能受到震動，廚房的油煙也不能跑進去。

喝紅酒時要很注意開酒程序，例如要在特定溫度下、使用特定杯具，並且預先醒酒。保存葡萄酒時要橫著擺放，讓酒浸濕軟木塞，讓軟木塞膨脹，空氣便不容易跑進去，酒也就不會變質。

我曾帶學生到歐洲進行一趟美酒之旅，參觀法國歷史最悠久、最大的香檳酒莊[註]。這個酒莊的香檳酒以前都由傳教士釀製，傳教士每天的例行工作之一，就是轉酒瓶，使酒的氣泡分布均勻；此外，要觀察及記錄釀酒過程的變化、研究菌種對釀酒的效用，研究溫度、濕度的對酒影響。這酒莊的酒一支要價新台幣三千元起跳，爲什麼這麼貴？因爲美酒是人力、錢力堆積出來的！

五大酒莊

是指法國五個紅葡萄酒莊園：拉斐酒莊、瑪哥酒莊、勒圖酒莊、莫頓酒莊、奧比昂酒莊的合稱。這個排名是在一八五五年由拿破崙三世所制定的標準。

香檳的典故

只有產在法國香檳區的氣泡酒才可以稱之為「香檳」，其他國家產的氣泡酒都只能叫做氣泡酒。所有酒都是以產地為名，所以產在台灣埔里甚至義大利的氣泡酒，就只能叫氣泡酒，不能叫香檳。

要能聊酒的學問和故事

除了這些悠久歷史的酒莊及典故，現在許多有傳統的酒莊，都已被LVMH這類國際財團收購，關於品牌與企業之間的關係與淵源，酒侍也都要懂才夠內行。

酒的學問既博且深，人類喝酒的歷史從埃及人喝啤酒開始，希臘人也講究酒，這時已轉成葡萄酒。葡萄酒和香檳要冰，烈酒一般不冰。蒸餾過的酒叫烈酒，如果買到有二十五年歷史的烈酒，裝在玻璃瓶中，那麼過了二十五年後，這支酒還是二十五年「老」，不會再變化。因爲是蒸餾過的、是透明的，有顏色或香味則都是後來加進去的。烈酒只有在橡木桶內，熟度才會增加，否則不會再產生變化。但是，葡萄酒在玻璃瓶內還會繼續增加熟度。又如：白酒要冰、紅酒要室溫。有些高級餐廳的紅酒會冰，是因爲歐洲的室溫和台灣不同，歐洲室溫只有十八度，所以紅酒到台灣就要冰過才行。冰酒則是溫帶的葡萄酒，某品種的葡萄在秋天時不收成，會等到冬天下霜結冰後才收成。葡萄因爲已經枯萎且結冰過，所以糖分很高，釀出來的酒不但甜而且酒精成分高。冰酒因爲甜、香，女生喜歡喝，法國有種甜酒叫「處女殺手」，因爲很好喝，所以會多喝，又因爲酒精成分高，喝了容易醉，女生容易因此失貞而命名。

即使軟木塞也有學問。軟木塞是一種叫軟木樹（Cork）的樹皮，這種樹只

酒侍在做服務客人之前的準備動作。

有西班牙有，好的軟木塞品質很棒，築水壩的水泥中間一定放軟木塞，才會有彈性又密實。但自從西班牙也開始釀酒搶攻紅酒市場後，就不太賣軟木塞給法國人，因此現在合成的軟木塞很多，不過好酒一定會用眞正的天然軟木塞。

喝葡萄酒之前要先「醒酒」，用意是喚醒「睡覺」的酒，這樣味道才能出來。過程中細節很多，先是decant，就是將酒輕輕倒入醒酒瓶（decanter），醒酒瓶通常是水晶做的，因爲水晶瓶清澈度較高，折射比較好。倒的時候背景會點上一根蠟燭，這樣就能清楚照出裡面是否有雜質。醒酒瓶也會附一個網，可以濾掉雜質。倒的時候要慢慢斜著倒，好讓沉澱物盡量沉在瓶底，渣或軟木屑也較不容易跑到瓶裡去。

當酒和氧氣接觸，就會慢慢甦醒過來，整個過程差不多要二到四小時。所以客人預定的高級晚宴之前，都要先打電話告訴酒侍，客人指定晚餐要喝的酒，下午便要開始醒酒過程，這眞是耗時耗工的享受，台北星級旅館眞正講究的餐廳才有這樣的服務，高級法國餐廳也會有。

用分享的態度與客人互動

多年前，我曾碰過客人開一瓶十七萬元的酒，極爲少見，一定是客人很懂酒之外，也很信任酒侍。所以酒侍在餐廳扮演很重要的角色，除了專業之外，也要能贏得客人信賴和尊重。客人開一瓶十七萬元的酒，搭配的餐至少也有五千元的水準。所以，客人會因爲廚師的美味料理而到某特定餐廳，也會因爲某位酒侍，而選擇到特定的餐廳用餐。簡言之，餐廳長、廚師、萬事通、酒侍這些角色，在旅館都是很專業、有權威，也能夠獨立作業的特殊職務。

酒侍一出馬，自然要爲特別客人推薦高單價、適合特別場合的酒。但是，碰到一般用餐的客人，酒侍也要不吝嗇提供自己的專業服務才行，這時，他的眼光就要很「銳利」，能夠辨識出某個客人可能只要介紹三千元一支的酒就可以了，某個客人可能一支兩千元的酒，就會嫌貴。酒侍也要讓客人感覺到，開一支兩千元的酒，雖然「貴」，卻可以讓自己的宴席因配對了酒而增色許多。

一般正式晚宴從開胃酒開始，然後坐下來吃開胃菜、前菜，這時喝的都是白酒。品酒、嘗美食就好像談情說愛一樣，既快不得也急不得的。酒侍在服務過程中，可以和客人聊聊酒的知識，帶動一點氣氛。

一般餐後離開餐桌，喝的是烈酒，酒侍會推薦以白蘭地為主，因為比較深層、濃郁；威士忌則通常在餐前開胃或用餐當中喝。喝白蘭地時要讓客人用大肚杯、倒一點酒，然後讓客人把酒杯拿在手掌中搖，搖出酒的濃郁味道，放到鼻子前、聞一聞再喝，然後手握著再繼續搖。白蘭地搭配雪茄，吹牛大會就開始了……。這就是英式俱樂部[註]或歐洲貴族的生活面。

酒侍也和萬事通一樣，要能滿足富人的任性，還要能照顧小人物的心願。對於懂酒的客人，可以招呼得服服貼貼；對不懂酒的客人，也要讓客人覺得自己點的菜，配上酒侍介紹的酒，果然很對味，物超所值。

換句話說，酒侍不管面對新客人或老客人、懂酒或不懂酒的客人，他必須像餐廳長介紹菜色一樣，不用客人開口，就可以從旁察言觀色了解客人的需求。強勢推薦客人負擔不起或不想負擔的高價酒，通常都是事後糾紛的開始。

有時候客人只有兩人用餐，開一瓶酒喝不完，餐廳長或酒侍就會推出招

英式俱樂部

源自一群人因為共同興趣、背景、職業，而組成一個不對外公開的社交場所。會員入會必須先審核，也要繳交入會費和月費，並且只限男性，是一種非常有階級意識的社會性表現。發源於英國的俱樂部各有特色，有些還規定在裡面不可交談。成龍主演的重拍的《環遊世界八十天》也曾出現這種英式俱樂部。

牌酒（house wine），選出紅、白酒各一支，價格不太貴的，以單杯計價。有些高級餐廳還會推出招牌香檳，通常香檳一開、氣泡大概一個多小時很快就沒了，也就不好喝了，所以敢推出招牌香檳的餐廳，大概都是不錯的餐廳，台灣目前較少這種餐廳。

酒侍也要研究酒杯，酒杯約有三十幾種，各有適合搭配的紅白酒種。通常高級餐廳才會備有那麼多種酒杯。

酒侍在表現專業時，是很有技巧地分享品酒知識，不能用「教育」客人的口吻，要和客人保持良好的信任關係，更要能持續不斷鑽研。酒侍要稱職，往往也有賴相當程度的資歷和工作經驗累積。

酒侍能增加餐廳營收，提高客人的滿意度，是頂級旅館中的重要功能。

看不懂酒單，也能點酒

葡萄酒的釀製、保存、品酩雖然有那麼多講究，但一般人要點酒，還是有簡易撇步。在此分享一個小故事。據吳念真導演說，有一次他和林懷民先生在紐約的餐廳吃西餐，吳導演嫌點西餐很麻煩，林先生安慰他說，其實很簡單，並傳授我要在此披露的撇步。首先，若喜歡吃牛排，在菜單上就是「steak」或「fillet」，不然就是魚「fish」、雞「chicken」，這些英文都很簡單，很容易在菜單上指認出來。

點完菜，就要點酒，輪到酒侍上場。不懂英文的人看酒單上的價錢就好，瞄到可接受的價錢時，不要再說OK了，因為這樣會暴露自己的英文很破，這時得說「sounds good！」

再來，酒侍會拿酒來開封，你要檢視軟木塞是否完整。酒倒入杯後，你就搖一搖杯、聞一聞、瞧一瞧，喝進口中、舌頭攪一攪，讓空氣進去，先不要吞下去，而是讓舌頭充分感受到酒是否太酸、太甜或太苦，覺得沒問題時，就要講「very dry」，表示酒是好的（太甜不合適用餐，因為用餐的酒要澀一點較好）。

一般人靠著「sounds good」、「very dry」，就可以點酒，其實品嘗好的紅酒不用研究太多，喝起來順口就好。

7

餐廳水準就看牛角麵包

烘焙師傅

前頁圖爲台北亞都麗緻大飯店
烘焙主廚郭榮灶。
場地／台北亞都麗緻大飯店
攝影／石吉弘

烘焙師傅

職務亮點：堅持招牌產品品質。
工作內容：製做牛角麵包和各類西點。
工作時間：凌晨三、四點上工。

一大早六點鐘不到，冬日的台北街頭下著小雨，又是陰陰濕濕的一天；但在亞都飯店裡，溫暖的燈光、厚厚的地毯，趕走外面的陰沉和濕氣，早餐已經就緒，準備迎接早起的客人。

長條桌上燻鮭魚、各種起士琳琅滿目，沙拉的溫度夠低，新鮮雞蛋備有紅殼蛋和白殼蛋兩種，熱食也熱到有鍋汽。此外還有和食區、有機區、素食區等。看看食器，熱盤正維持著適當的溫度，令人胃口大開。

正如德國人說的：「Breakfast eat like a king, lunch like a prince and princess, and dinner like a bagger.」歐美人早餐特別講究的麵包，也應有盡有地讓客人能

夠有各種選擇：法國長條麵包、大麥麵包、白吐司、全麥吐司、德國麵包、酸麵包……。

柔和的燈光，也將客人的注意力引到飯店早餐的主角——牛角麵包（Croissant）上頭。

牛角麵包是早餐重頭戲

由牛角麵包領軍的新鮮、現做、種類繁多、分量充足的早餐，爲旅館客人準備好一天的充足能量。

西式早餐固然少不了咖啡、香腸、火腿、煎蛋……，但早餐的主角卻是牛角麵包。牛角麵包代表一家旅館的早餐文化，重點在：早餐要健康、新鮮、特別、可口，而且分量要夠。

我吃過最好的早餐，在南非開普敦和英國的海德公園喜來登飯店（Sheraton Hyde Park）。開普敦雖然治安很差，客人外出時旅館還會派荷槍實彈的警衛陪同，但飯店早餐極爲豐富，甚至提供現煎牛排，和形狀不規則的野菇。海德公園喜來登飯店則是有和火腿一樣厚的培根。我享受到最羅曼蒂克的早餐，則是在奧地利的古堡飯店中，那是座十六世紀古堡，陽光從狹窄的窗子中照進來，停留在漿得又挺又厚的雪白桌布上，在這種空間吃早餐，感覺特別

棒。我在德國法蘭克福的旅館甚至享用過香檳早餐。

旅館人就是要讓客人的每一次入住經驗，都是獨一無二的。要達到這個目標，好的裝潢、設備、服務都是「基本盤」；顧好「基本盤」，獨到的廚師更能加分。在客人停留期間的所有美食經驗中，每天的早餐更要夠特別，因爲一日之計在於晨，早餐顯得格外重要！

當客人用過早餐後，覺得有一半的房價花在上面都値得時，就是好旅館的本領。爲了讓代表早餐品質的牛角麵包扮演好這個角色，旅館餐廳的烘焙師傅就必須在清晨三點半或四點現做牛角麵包。

在《愛，找麻煩》（*It's Complicated*）這部以熟男熟女的第二春爲故事情節的電影中，飾演美食家的女主角梅莉．史翠普（Meryl Streep），親手示範牛角麵包的做法。牛角麵包是電影男女主角的定情物，而在餐旅界，牛角麵包的好壞，則決定了旅館的好壞。好的牛角麵包要酥脆（crispy）、飽滿，不會垮掉，也不能烤得太淡或太焦，要像我們黃種人的膚色才對，和量販店買的冷凍品再加熱，絕對不同，用肉眼就可分辨出「清晨現做品」和「大賣場冷凍加熱貨」是有差別的。

好的旅館爲保持自助餐檯上牛角麵包的鮮味，通常會有高溫燈照著，或是放在保溫的烤箱內，保持溫度和乾燥度。所以，前一晚上預先烤好加熱的，或冷凍重新烤過的麵包都不行，一定要當天現做，才夠酥、夠新鮮。

考驗烘焙師傅手藝

法國人發明的牛角麵包，做法很特別，一層麵加上一層奶油，摺起來壓扁，再一層麵加一層奶油，摺起來壓扁，如此重複至少三次，對角摺起來，形狀就像是牛角一樣。製作牛角麵包費時、費工，不是設定好溫度和時間就可以，進口烤箱一定有個玻璃視窗，可讓廚師隨時關注麵包烘烤情況。即使師傅照著標準食譜製作，並不保證做得出讓歐洲客人肯定的牛角麵包。因為每天環境的溫度、溼度都不同，也會影響品質。

烤出來的牛角麵包能放多長時間，也要列入考量。貿易或旅遊旺季時，旅館客人多半一大早匆匆吃完早餐就要出門，就得趕緊烤多一點麵包、酥皮焦一點，如果客人在slow Sunday放鬆心情時慢慢享用，就不要一次烤很多。所以烘焙師傅準備牛角麵包時，必須配合客人用餐步伐，餐廳經理也要提供正確的訊息和預測，這都需要經驗和用心，才能做得到位。

在西方人的生活中，牛角麵包扮演一定的角色。經典電影《第凡內早餐》（*Breakfast at Tiffany's*）中，女主角奧黛麗・赫本（Audrey Hepburn）便一手牛角麵包、一手咖啡，穿著禮服，邊吃早餐邊瀏覽第凡內的櫥窗。

法國人早上吃這種國民美食時，一定要搭配一大杯黑咖啡，牛角麵包就浸著現磨現煮的新鮮咖啡吃。這就是法國早餐的精髓。

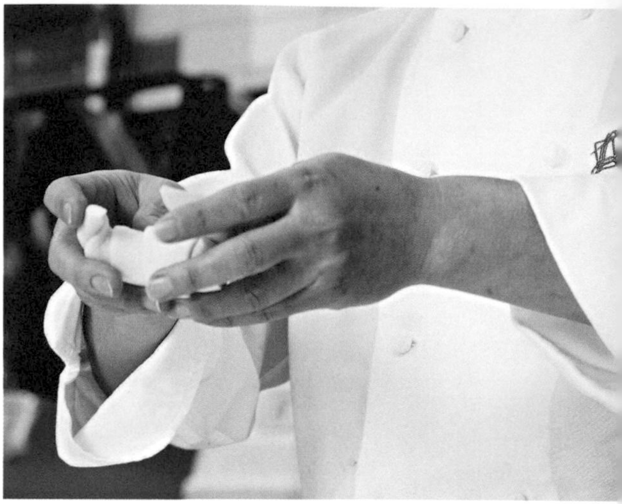

眞正講究品質的牛角麵包，應該是烘焙主廚每天凌晨新鮮現做。

但這種吃法不是唯一的方式，牛角麵包也可以抹上果醬或蜂蜜，所以果醬或蜂蜜的品質也很重要。好的果醬是玻璃瓶裝，用的是鐵蓋，因爲錫箔紙或塑膠瓶容易透氣進去。正如品質越好的商品，包裝越講究一樣，好的牛角麵包，也必須搭配高品質果醬。旅館除了準備法國或比利時進口的高級果醬外，主廚還會自己做果醬。葡萄、柳丁、草莓、櫻桃算是必備口味，有時則製作在地特色美味，如台灣的洛神花、荔枝、桂圓等，或是季節性的口味如芒果，讓客人吃到驚豔。搭配美味的，還包括服務人員在了解自家美食獨到之處後，特別介紹給客人的「故事」，如有機草莓沒有農藥，只特別供應給我們旅館、季節限定……等等，或是說，這是用本地特產當令水果，精心做成的果醬，由廚師特地蒐獵找到的果農所種的，果農還是位白領科技工程師返鄉改業的呢！

諸如此類的故事，都能讓客人在享用美食時，特別有感覺，因此留下深刻印象。

用牛角麵包發展特色

這些由牛角麵包帶出的早餐「眉角」，讓我想到旅館這個行業特別強調的「實做」（hands-on）。旅館人可能出身不同專業，但一定要去各部門深入實做了解，否則便可能經常做錯決策。

是否要花額外津貼要求廚房指派一個人，清晨三、四點來製作牛角麵包，就是一個決策。一位總經理如果真正了解牛角麵包的重要性，就會堅持這麼做，而不是撥撥算盤後，發覺成本過高，就退縮改買冷凍麵糰，你的客人一定會知道的！

由這點進一步延伸，就是旅館如何透過牛角麵包，來創造自己的特色，並拉大和競爭者的差距，也就是「差異化」的議題。

如果要問，旅館應該做到樣樣出色，或者只要有一項特色就好？我的答案是：只有一個特色是不夠的，一定要有三、四個招牌特點才行。例如，招牌餐廳，不管中餐、西餐、日本料理都要有自己特色，才能吸引在地客人，因爲旅館餐廳的主要客層就是在地客。

其他能讓旅館差異化的招牌特色，可能是某項服務、某個產品或設施、地點或景觀。例如，亞都飯店西點烘焙很有特色，是走「乾」的路線，不是台式或日式的又軟又熱的麵包，而是吃冷的。

歐洲只有奧地利人吃軟麵包，這種口味在台灣並不討好，其他都吃硬麵包或冷麵包。但如果是在歐洲生活過的人或歐洲來的旅客，這類麵包就很對味。以前亞都被稱爲「阿斗仔」旅館，因爲八成五到九成都是歐美客，其中歐洲客又占一半。所以亞都雖不是連鎖旅館，反而更像歐洲當地的城市旅館。因此之

牛角麵包能夠爲旅館創造差異化，圖爲一家旅館的平面廣告，主角就是烘焙師傅與牛角麵包。

故，亞都的早、午、晚餐也都要有歐式特色，早餐的牛角麵包註更非得道地不可了。

爲早餐加分的服務人員

另一種讓客人感動的早餐經驗，就是「桌邊現做」。旅館並不是晚餐時段才會有在客人桌邊當場烹調的噱頭，早餐也可以。美國小朋友早餐常吃的麥片，選擇種類繁多，但在歐洲只有兩、三種，其中有一種很特別的麥片粥(muesli)，麥片之外還有果仁、核仁等，會加很多核果乾果，然後用牛奶和柳橙汁打在一起，在餐廳會現場打給客人看，要什麼、不要什麼，都可以依客人喜歡或添或減。

以前亞都咖啡廳的早餐時段，總會有一位廚師負責煎蛋，那就是當年三十多歲的李輝雄師傅。李師傅一句英文都不會，卻是亞都歐美客人最喜歡的廚師。不論是太陽蛋、蛋捲或炒蛋，李師傅都能夠做得十分完美。

李師傅長得瘦瘦乾乾，不會讓人覺得他能做出好吃料理，李師傅雖然不懂英文，但懂得關鍵字，也會注意客人神情。客人稍皺眉頭，他就知道客人覺得有點太焦了。老客人更是不用開口，他都記得一清二楚。李師傅在亞都做了十五、六年，最後創業開了早餐店。

註 早餐的牛角麵包
牛角麵包僅應出現在早餐，國內有些飯店會在中午或晚上的自助餐供應牛角麵包，是錯誤的。

另外值得一提的咖啡廳人物，是一位長得像趙傳、其貌不揚的女性服務員。她和李輝雄不同，英文很好，但是更令人敬佩的是她的服務精神。只要讓她服務過一次，客人的名字、長相、偏好，就被牢牢記住。到第二次見面時，她就會滿臉笑容、不假思索喊出客人名字，她也知道你喜歡太陽蛋而不是水波蛋，要的是咖啡不是茶，你桌上的咖啡鮮奶罐，也早就加滿。這麼貼心的服務，往往讓亞都遠離家鄉奔波在外的歐美客人，備感溫馨、感動。

這兩位服務員也告訴我們，當你的技巧好到讓客人沒注意到你外貌的弱勢時，服務就成功了。

堅持到底成就差異化

講到差異化，《哈佛最受歡迎的行銷課》（*Different: Escaping the Competitive Herd*）便提到：沒有獨特差異，就無法勝出。

因此，就算提供了和競爭者很相似的東西，也要從中變出花樣、找出與他人不同處。其中的重點不是只有更好（better）或改良（improved），而是獨特（unique）、與眾不同（difference）。亞都無法提供連鎖大型旅館規格的豪華自助餐，但強調手工製作，讓客人品嘗到最可口、健康的美食，也就是不比較種類繁多，但每一樣都是獨特的、高品質的。

最重要的是，旅館人不應該只是「回應」（react）市場潮流，而是要「主導」（pro-act）潮流，藉由研發、創新，逼得競爭者非跟上你的腳步不可。另一種做法是，雖然自家旅館提供的服務可能門檻不高，競爭者很快就會跟上來，但是你還有一點可以勝過他們，那就是堅持到底。

許多的服務、做法，往往操作起來很累、利潤很低、成本很高、賺不了什麼錢，追隨者可能做一做就放棄了、不再提供了，但是旅館若能堅持下去，就可以成爲凸顯自我特色的差異化項目。競爭對手可能爲了追上你，也請個師傅現做牛角麵包，但堅持不了三天就發現，成本太高或太累了，於是悄悄放棄，買冷凍的牛角麵包代替，或外包製作，再也無法天天有廚師清晨三點半手工現做。如此一來，一直堅持現做麵包的你就勝出了。

8 餐廳總舵手——主廚

主廚

職務亮點：經典創新兼顧。

工作內容：做菜、安排菜單、訓練員工、控制人力、管理食材成本。另外還要跟貴客及餐廳常客保持良好關係。

工作時間：餐廳營業時間。

旅館的自助餐廳張燈結綵、人潮滿滿，這裡正推出特殊主題的美食節。旅館的餐飲收入，八、九成來自本地客人，所以得不時變換菜色，保有新鮮感，才能吸引客人持續捧場。但因爲主廚有自己的專長，很少能西餐、中菜、日本料理樣樣精通求新求變，這時旅館要怎麼辦？

跨國取經練火候

以前嚴長壽先生曾經帶著自家廚師到香港，找天香樓主廚拜師學做杭州

前頁圖爲亞都麗緻大飯店巴黎廳二〇一三年美食節，請來米其林星級廚師在開放式廚房示範料理。
場地／台北亞都麗緻大飯店
攝影／台北亞都麗緻提供

菜。這位韓桐春老師原本是大陸杭州天香樓的廚師，後來因爲戰亂落腳到香港，並一手「重建」杭州天香樓。香港天香樓不大，一共只有七桌，但在當地非常成功。

當時亞都也是隨波逐流，和台北各大飯店一樣，中餐部主打湘菜，業績一直沒起色。嚴總裁透過卜少夫先生介紹，想請韓桐春老師「教菜」給亞都廚師。前後花了兩年時間、鍥而不捨三顧茅廬，才說動韓桐春老師。由嚴總裁親自帶亞都三位廚師到香港天香樓，磕頭、奉上束脩，按古禮正式拜師學藝，受訓時嚴總裁還在一旁做筆記。

學成之後，韓大師派了他的大徒弟跟著來台灣督導，他自己則一年來一次，指導一些撇步、眉角。嚴總裁的「杭州菜學習筆記」還編成了一本《杭州菜的故事》出版，用意也爲了推廣新成立的亞都天香樓。

除了做菜方式的「變革」，嚴總裁當年還著手提升廚師的氣質和地位。嚴總裁會穿上廚師服進廚房工作，他的用意就在讓平常講話老吼著、儀表也邋遢不莊重的廚師，能夠有「尊貴感」。

我剛進亞都時是儲備幹部，在廚房實習時，還曾被「欺負」，天天都在剝大蒜，前後剝了兩個星期。後來當上總經理，每回有機會進廚房，我都開玩笑問：「我來了！有沒有大蒜要剝？」

此外，爲促進廚師和外場服務人員的和諧關係，嚴總裁讓廚師在每週三下午給服務人員上課講解杭州菜，並且要廚師做幾道菜給服務人員試吃。漸漸地，輪到週三上課日，當值的廚師就會特別注意儀容，言行舉止也較謹慎，原來這些廚師被「老師、老師」叫久了，受到尊重，自尊感也自然提升了。

餐廳大廚除了做得可口、漂亮菜色外，日常工作還包括安排菜單、訓練員工、控制人力、管理食物成本等等，另外一個關鍵任務，就是跟重要客人或常客保持良好關係。

爲此，如果當天有常客要來用餐或宴客，大廚就會設計一點特別的、菜單上沒有的菜色。此外，廚師也有可能到外場來幫客人點菜，或推薦當天特別的菜，並趁著大廚推薦的菜出菜時，或是在用餐的較後段出場露個臉，向賓客打聲招呼，讓客人覺得自己很特別，若客人當天是宴客主人，就會讓客人更覺面子十足。

所以，主廚是幫旅館或餐廳直接跟客人建立關係的公關好手，甚至有客人會跳過餐廳經理，直接跟主廚訂席或請主廚幫忙開菜單。我就有「官夫人直接打電話給主廚訂席」的經驗，這雖不是主廚的主要工作，但做到這種程度，絕對有加分效果。我記得有一次去香港，朋友請我去阿一鮑魚用餐，當天就是阿一主廚出來親手在桌邊烹調，讓我們覺得花了八千元吃一餐很值得。總而言之，主廚除了要讓廚房作業暢通、物品好、員工好之外，也是能夠代表餐廳和客人做好關係的關鍵角色之一。

餐廳年度重頭戲：美食節

爲了讓老客人嘗鮮、有變化、不會流失，旅館的餐廳需要不時推出大大小小、不同主題的美食節。

辦美食節有七大好處：

一、讓老客人嘗鮮，吸引他們經常上門用餐，這是美食節的首要目的。

二、用特殊美食吸引不曾上門的新客人。例如請來自西安的師傅推出餃子宴，從沒上過門的新客人，可能就被吸引過來，藉此了解餐廳的菜色、設備及服務水準，願意持續上門，培養成爲常客。

三、藉由學習新菜色，增加員工工作的新鮮感，凝聚向心力。辦美食節讓員工工作更有目標，也因爲必須重新布置餐廳，換上配合美食節的特殊制服，這些都可以爲員工帶來新鮮感。

四、可乘機邀請客座主廚，讓廚師藉機學習新手藝，增加未來餐廳的菜色選擇。

五、考驗總經理的決策能力。

六、提升旅館形象。美食節可能因爲食材特別、取得成本較高，再加上活動額外開銷，短期不見得賺錢，但卻會帶來另一項長期的無形效益——提升旅館形象。

七、取得客人的個人資料，以利未來行銷之用。

辦美食節，總經理和主廚要先確定的是主題，以食材做美食節主題是最普遍的：起士、海鮮、牛、羊……等等，甚至以野味爲主題：山雞、野豬、鹿、兔子。這些都是進口的，因爲台灣沒有，有時吃到的肉，裡頭還曾發現霰彈。

其次，是特別的廚師，例如處理野味的廚師，找來山西菜主廚推出餃子宴，或是京都找來的日本料亭師傅……。這是以廚師的烹調和手藝，或是特殊烹調方式或技術來做主題。

第三種是以國家或地區：日本、泰國、地中海加北非、中東、德國……，這種設定主題的方式比較常見，挪威、英國沒什麼美食，所以很少被拿來當作主題。美國因爲食材多，有某些特殊菜，也常是美食節的主題；以法國菜搭西班牙美食、本土黑人風味的紐奧良法國菜、波士頓的龍蝦、愛荷華的牛肉……。土耳其美食可配咖啡，咖啡渣還可以算命，也是一大特色。

另外，酒也是好主題，要以酒爲主角設計菜單（Degustation）。一道菜配一種酒，可以高達八到十道菜。每一道菜的分量都很少，以廚師最拿手的菜，配上最搭的酒，這樣組成的特餐，讓客人嘗到美食加美酒。

第五種美食節的內容是按照時節，例如聖誕節，而西洋節慶又是從十月底的萬聖節、感恩節一路過來的。全世界慶祝感恩節的只有美國和加拿大，那是因爲歐洲移民到新大陸，碰到饑荒，印地安人援助以食物，因而有了感恩節。

感恩節在十一月底，這時候也開始準備過聖誕節和新年了，整個氣氛就從萬聖節（南瓜、化裝舞會）開始，一直延續到新年，故又稱之爲Holiday Season。

辦美食節兼顧公關及行銷效益

規畫大型美食節時，要先確認外聘廚師的意願、時間、費用等細節。例如，國外請來的米其林主廚出場費一天要一萬美金，十天辦下來，光廚師註的費用就要新台幣三百萬元。若考量請米其林主廚來爲旅館餐廳加持的相關效益，例如，可以在媒體造成話題、凸顯和競爭者的差異、員工學習新事物、客人的新鮮感……，也是有舉辦的價值。

米其林主廚有兩種，一種是完全要用自己的東西，食材、器皿……統統空運來台，只要有一種食材或器皿不一樣，廚師就不做了、不會做了，這種是匠廚師，不是眞正厲害的廚師。另一種是不拘泥、沒什麼規矩，一切就地取材，甚至去吃小吃或本地著名餐廳的菜，吃完也想出了一道自己的創意料理，這才叫厲害的大師。

我吃過最貴的是二〇一二年日本來的米其林註三星主廚，一客要新台幣一萬八千元。用餐時，廚師會到桌邊解釋做法，噱頭十足。

旅館請來外部廚師進駐，對客人有新鮮感，也可以成爲媒體的報導主題，

廚師的階級

外國廚師有分階級，如

Chef：主廚

Sous-chef：副主廚

Poissonier：海鮮廚師

Grilladin：燒烤廚師

Friturier：油炸廚師

Rotisseur：烤肉廚師

Potager：湯類廚師

Garde Manger：冷盤廚師

Patissier：糕點廚師

Tournant：備用廚師

Boucher：切肉廚師

自然爲美食節吸引更多客人上門。另一方面，其實旅館的主廚，也有可能「外派」、到別的餐廳或旅館「客串」成爲其美食節的主廚。這種情形下，主廚就搖身一變成爲旅館大使，具有這種能力的主廚，除了會做料理、廚藝要精之外，口才也要好，才上得了檯面。廣受歡迎的阿基師口才，依我看當屬台灣少見的幾位，除了本身天賦，另一方面也是上台機會越多，就越磨越精了。

辦美食節也可找來外部合作對象，如駐外代表、外國在台協會、航空公司等。除了可以有更多資源，辦出更具異國風味的美食節外，航空公司贊助的好處之一，就是贊助機票成爲摸彩獎品。舉辦聖誕美食節，如果找異國航空贊助國外來回機票供作摸彩獎品，對客人就會有吸引力。對飯店而言，舉辦摸彩可以獲得、更新客戶個人資料，作爲未來行銷之用，這也是旅館辦美食節的好處之一。

做美食節的同時，不要忘了企業的社會責任和公益。將美食節保留公益名額，或直接將場地搬到孤兒院等場所，把表演跟美食帶給一輩子都沒法體驗到的對象，就是一種結合營利和公益的做法。以前在台南時，我就曾經將美食節帶到專門收容唐氏症兒的機構。

與公益結合的行銷，可帶給員工正確的社會價值觀，員工從事分享行爲，也有潛移默化、身教的意義。個人和團體一起做公益，會爲員工帶來團隊感、參與感、歸屬感，是非常棒的活動經驗。

米其林指南

法國知名輪胎公司米其林為滿足旅客在旅行中對美食的需求而出版的美食旅遊指南。以書皮為紅色的指南（Le Guide Rouge）最具代表性，其內容以食宿為主。另外，綠色書皮的綠色指南（Le Guide Vert）則以行程規畫、景點推薦、道路指引為主。紅色指南對餐廳的評價以星號標示，最佳為三星，定義如下：一星：在此料理類別中非常好的餐廳。二星：極佳的烹調料理，值得繞道而去的餐廳。三星：最傑出的餐廳，應該專程而去。

9

送往迎來 形象大使

—— 總經理

總經理

職務亮點：走動式領導鼓舞全館員工及客人。

工作內容：掌握客人以及旅館的營運狀況，在大廳送往迎來，外訪客人，巡察整個旅館，主動接近客人搏感情。

工作時間：上午七點到晚上十一點。

早上六點，旅館的客人起床、淋浴、忙著準備出門展開緊湊的一天。這時候，在仍舊謐靜的大廳和住房走廊之外，上自總經理、下至門僮，都開始動了起來。

然而忙翻天的，還是房務部，因爲客人起床後便會淋浴、梳洗，難免會有水壓不夠、沒有熱水、沒有肥皀、毛巾不夠、滑倒、水管不通、馬桶不通……等狀況，問題多得很，早上六、七點時段，房務部電話往往響個不停。

旅館總經理這時也應該清醒過來，眼前繁忙的一天正催促著他匆匆結束早餐、站起身來。

前頁圖爲台北亞都麗緻大飯店副總廖郁翔，是亞都職位最高的台灣人，和美籍的總經理分工，早餐、餐飲部分就由主廚出身的廖郁翔負責管控。
場地／台北亞都麗緻大飯店
攝影／石吉弘

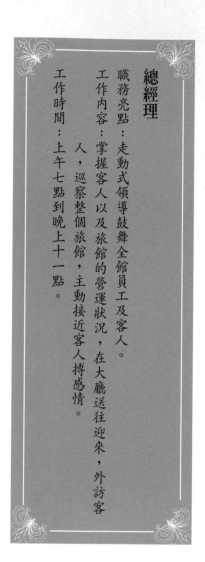

六點半：進辦公室坐鎮

大多數總經理從早上七、八點鐘開始忙，我工作時則是六點半就到辦公室，看完報紙、報表及工作日誌後，就在旅館內走動。前一天的報表和工作日誌，可以讓總經理掌握八、九成的旅館營運狀況，讀報則幫助總經掌握世界動態，小至客人拉肚子，大至國家大事，碰到客人詢問不會一問三不知。總經理身爲旅館的主人，若對事情無感，或反應不佳，是很失職的。

旅館業的「產品」特性跟製造業不同，旅館在今天沒將床位賣出去，就是一天的損失，也不能把今天的空房留下來明天賣，旅館床位是有時效且無法儲存的。一般公司會有貨品、庫存的煩惱，而旅館賣的是空間和時間，這兩項商品都無法儲存。

旅館餐廳午餐時有桌位沒賣出去，便損失了，中午的空位無法留到晚上賣，特定位置在特定時間沒有賣出去，就是損失。這時只能想辦法補回來，例如讓晚餐的客人消費更多，或提高單價。

旅館的運作是當天見分曉的。因此，總經理每天早上都要看前一天的報表以即時掌握，才能指導員工怎麼趕上預算。

總經理除了要看報表掌握業績，更要天天看各單位的工作日誌，了解旅館最重視的服務品質是否出狀況，是否有客人抱怨，有些飯店會每天把工作日誌收集起來，一大早放在總經理辦公桌上，讓他優先翻閱。

工作日誌裡除了客人的抱怨一定要寫之外，其他任何不尋常的事，也要寫出來：生意很好、客人跌倒、客人說吃到不該出現的東西、客人掉了東西……，都不可忽略。

若有任何客人抱怨，就要視情況立即處理或下指令，假如來不及處理，也一定要打電話或當面道歉。若請其他人出面處理，一定要求回報，還要叮嚀：有困難一定要報告，若無法決定也要回報。絕不能迴避或拿「公司規定……」對客人打太極拳。如果更進一步細想，常常有客人挑戰公司的規定，那就表示公司的規定可能需要修正。

總經理是最後把關負總責任的人，不能不知道旅館發生過什麼事，因爲客人隨時會找上你、隨時會有電話進來詢問已經發生的事件。有時候總經理看到工作日誌後，甚至不用等到客人找上門，就可以馬上去找吃壞肚子的客人關心一下，這樣才不會讓事情擴大、變嚴重。

一日之計在晨報會議

除了工作日誌和報表，晨報也是總經理掌握狀況的重要工具。

晨報會議由總經理主持，參加的人不用多，頂多五、六位部門主管，包括餐飲部、業務部、房務部、前台經理、公關經理以及副總經理，有些旅館會加入總工程師或人力資源主管。晨報中會檢討昨天的業績、客人抱怨等，再提醒當日重要分配工作，或指示解決問題的方法。

晨報時的第一優先就在處理當務之急如客人抱怨，以及檢討前一天各部門的業績達成情況。通常總經理在早上九點開晨報之前，都已經看過報表，掌握一切狀態了，晨報時就可以適時、適切地做出回應。

第二優先順序就在檢視當天的預定活動。我的做法是首先把當天要入住的客人名單，逐個審視過一次，有特別需求的，就會當場提醒大家。飯店電腦系統中，客人的檔案都有鉅細靡遺的紀錄，例如上次有抱怨、有特別偏好等等。若是常客，我也會親自去迎接客人回來。

所有動作都是自己準備在先，而不是等到客人入住或用餐、有不滿的反映，才去應付，那就太遲了。「客人至上」是所有旅館都強調的，其實「人際接觸」的重要性並不下於客戶關係。總經理應該多花時間在人際互動上，而這裡的「人」除了客人，也包括員工。

藉著和各部門主管每天早上的晨報會議，總經理可以掌握最新情況、提醒當日重要分配工作，或指示解決問題的方法。

晨報的第三階段在「分享」。我會帶頭分享前一天自己去上課學到的內容，或客人跟我分享的事情(不是抱怨)。通常我會拿出來講的內容，都是希望高階主管帶回自己部門進一步分享的。例如，我常會分享笑話，高階主管若跟屬下分享，員工可能又會跟客人分享，到了晚上我遇到客人時，客人就可能回過頭來跟我分享同一則笑話。這麼一來，我晨報時講笑話的目的就達成了——我確認自己放出去的訊息，不論是笑話、人生故事或具啓發性的內容，都如預期地散布出去。

這麼做的原始用意有兩個，首先是確保我講的話，在場的部屬有注意聽進去，第二則是讓氣氛輕鬆一點。

半個小時的晨報現在輪到各部門主管報告了，各部門主管輪流講，不論大小事都可以說：員工生病、領班家裡有事、某個設備一直修不好、客人的煩惱、廠商供貨有問題、客人換房後送洗的衣服送錯房了……。房務部經理也可能藉機再嘮叨一次：業務人員帶客人看房間時，客人若使用廁所，就要知會房務部清理，否則隨後入住的客人會抱怨。

晨報是每天都要進行的，目的在確保大家都知道旅館發生了什麼事，有什麼事將要發生、有什麼該注意事項……。開完晨報後，大家很快散會、回到各自單位，將晨報所得的最新指示告知單位同仁，各就各位展開一天的工作。

七點：全館走透透

雖然才早上七點鐘，但也會有企業客戶來開早餐會，通常是爲了配合大老闆的繁忙行程，才需要這樣抓緊時間，總經理都應該去露個面，顯示旅館對這家公司的重視。所以才早上七點，總經理一天裡最繁忙的三個小時，已經運作一個小時了。

接著，若沒有特別重要事情，總經理也可以去健身房轉轉，因爲許多商務客，一早都會先去健身房運動，才沖澡上班。一位穿著西裝打領帶的旅館高階主管在那裡出現會很醒目，這些有毅力的客人，能夠在自己勤奮健身的時候，讓旅館總經理給認出來，自己也會很得意。

另外，若有常客或VIP級客人一早就要退房，總經理最好特地去送行。這時候通常只有行李員在大廳，若總經理能特別來送別，客人就會覺得自己備受禮遇。若總經理無法出現，一定要交代較高階主管代替，否則常客會覺得旅館很冷淡，住進來時熱情地說「歡迎回來！」，離開時卻冷冷清清不聞不問。

還有一種很早出門的客人，就是住在旅館卻直接到外地出差上班的客人，總經理也要特地去致意。以前台南大億麗緻就有一班七點鐘的接駁巴士，送客人去台南科學園區，我常常趕早去向客人揮手說再見，這些小動作有助於提升客人對旅館的好感度。

客人之外，也不可忽略員工，所以接下來，總經理就應該到廚房跟廚師打招呼、說聲「辛苦了」，再跟洗碗阿姨聊兩句，緊接著上樓去，爲八點鐘就上班整理房間的房務員打打氣，這樣一早的巡視就告一段落了。

這裡有個小眉角要注意。員工是很敏感的，一早總經理就去探視工作中的員工固然很好，但一定要注意照顧到每位員工。我就曾因爲沒有關照到這些細節，每次只顧著跟某位房務員叫名字聊兩句，在場的另一位卻因爲不知道名字而沒打招呼，結果某一天我不知道名字的那位員工獨自上班時，我向她打招呼，她的表情卻像在嗆聲：「好什麼！」

這位員工教了我一堂課，從此以後我就很注意「跟員工打招呼」的眉角，並且刻意記住每位員工的臉跟名字。新員工上工三天之內，我也一定會去看看他、鼓勵他。這個小眉角是身爲高階主管必須要注意的。

另一個總經理一早該去探視的地方是供應早餐的餐廳。例如總經理可以先看自助早餐的陳列品質：擺得好不好、食物夠不夠、牛角麵包是不是酥的……。起士再從冰箱拿出來時有沒有整理好、旁邊變軟的地方有沒有修一修、燻鮭魚排得好不好……，然後火腿、香腸、水果依序看過去，甚至會順手拿茶壺和咖啡壺幫客人服務，並跟客人講話、打招呼，讓早餐的氣氛不至於太安靜了。

這時候的總經理有點像採花蜜的花蝴蝶，滿場飛舞發揮感染效應。總經理若跟某位客人聊得眉開眼笑，很自然就會有員工問：「你剛才跟客人講什麼？那麼高興！」總經理就可以順勢分享剛才告訴客人的笑話，大家也很自然笑成一團，這樣氣氛就不一樣。旅館總經理應該擔任氣氛的營造者，有點像樂隊指揮，音樂忽高昂、忽低沉，都是靠指揮的指揮棒來控制。

八點：在大廳送往迎來

台灣許多旅館的總經理不常出來走動，更不用說固定出現在大廳了。其實早上八點到九點之間，總經理在大廳「站台」很重要，因為這時候的大廳是蒐集資訊的最佳場所，也是最佳時機。過去客人出門前，會到櫃檯交鑰匙，現在雖然都改成磁卡，但是客人還是會在出門或吃早餐前，彎過來櫃檯反映冷氣不夠冷、房間聽得到噪音……等等，或交代櫃檯說今天會有訪客，或是要提早退房……等等。

這類前一個晚上的抱怨，或交代當天重要事情，客人不會在用完早餐後，「順便」對餐廳領班反映或交代，反而會特地彎到櫃檯來表達，而且發生在一大早的頻率特別高。總經理這時在大廳櫃檯附近「站台」，如果員工處理得好就可放心，不然，可以適時介入。

這個時段的前台特別忙，例如客人向櫃檯抱怨說，昨晚隔壁很吵、很大聲，值班經理有上來，可是沒有處理好，我很生氣……等等。如果問題嚴重，這時候總經理便要主動往前，先自我介紹自己是這裡的「最大咖」，好讓客人知道旅館重視他的抱怨，接著便回應客人：「我已看到夜間值班經理的報告，我先向您道歉，也已經把您昨夜的費用去掉了，正要向您說明……。」這是一種處理方式，或者說：「昨天值班經理沒有處理好，我已經知道了，我會進一步了解，稍後再向您報告……。」

這樣的即時處理，會讓客人覺得自己受到重視、他的問題有得到關注。所以，總經理「站台」前是否先過看工作日誌，就特別重要了。而最後決策者親身出面回應客人的抱怨或不滿，也會讓客人覺得安心。所以，「總經理在大廳站台」不但重要，也有其必要。

總經理可以透過「在大廳站台」及「上工前先看過工作日誌」兩個門道，來掌握整體狀況。客人看到總經理在場，問題也得到即時處理，就會覺得這條船有人在掌舵、可以安心、船不會出問題，也覺得這家旅館夠專業，是個運作順暢的地方。

旅館人有點像海軍陸戰隊員，要練身體、不能生病，面對客人一定要帶著愉悅的心情，就像旅館界的前輩路易士（Robert Lewis，曾擔任君悅飯店集團行銷副總裁）說的：「一個旅館人必須是外交官、民主人士、獨裁者；他要會雜耍，還要扮演客人的踏腳墊。他要有辦法接待首相、企業大亨，也要知道怎麼逮到扒手。他是個賭徒、是本百科全書，也是慈善家和正經八百的紳士。他要能讓酒吧、客房經常滿載，但是自己的情緒卻不能夠因此超載。」

爲迎接貴賓等到深夜

另一方面，這個時段的大廳，也是總經理跟客人「送往迎來」的重要舞台。在大廳把客人送走或迎接客人，或四處走動，跟新客人打招呼，問候老客人，都是總經理每天早上不可少的行程。

記得我還是亞都飯店前台經理時，遇到一位貴人，他是猶太裔美國籍老先生，在亞都住了九年，每天從亞都出門上班時，都會順道告訴我旅館的缺失。在我當上總經理之後，有一天這位貴人透過秘書反映，說我們的服務變差了，我抓破腦袋不得其解之際，突然靈機一動：原來剛當上總經理的我，忙著應付多如牛毛的事務，很久沒看到老先生而疏於問候。第二天早上我特意等在電梯口，等老先生出來後，陪他走到門口上車。連續四天後，秘書來電說他反映服務又變好了。

從此之後，我都會安排好我的「總經理一日行程」，每天適時出現，和所有客人打招呼，每星期也會專門挑一天，準七點出現在大廳送早起出門的客人。

清早巡視、站台之外，有時候總經理也會爲了迎接貴客，在旅館大廳等到深夜。

中華賓士曾邀請過德國美女小提琴家慕特（Sophie Multer）來台中演奏，

並住在當時我擔任總經理的台中永豐棧。當時慕特在台北表演完已經晚上九點多，坐車到台中已過半夜，我還是在大廳迎接她，讓她非常驚喜。

曾任花旗銀行CEO的李德（John Reed），多次搭私人飛機來台灣，都住在亞都。李德到飯店的時間多在清晨一、二點，我都和花旗銀行台灣總經理麥昆（Tom McKeon）一起在大廳迎接。我和麥昆一起在亞都大廳漫漫長夜等待幾次下來，兩人也建立起情誼。

讓客人找得到你

總經理職務的關鍵要點，就是「在應該出現的時間、場所就出現，讓客人看得到你或找得到你！」同時，總經理也是「情報四通八達並且隨時掌控、更新狀況」的角色，而早上的大廳就是匯整一切的中樞地帶。

香港半島酒店新大樓頂樓的餐廳Filex，以任職十二年的瑞士籍總經理菲力克斯．畢格（Filex Bieger）命名，這是很特別的榮譽。這位總經理的站台方式很特別，半島酒店大廳的出納和接待櫃檯後面，各有一個總經理專屬桌。每天早上客人退房的時間，這位總經理就會在靠出納櫃檯後方、自己專屬座位上喝咖啡；到了下午四、五點左右，則會坐在靠接待櫃檯後方，這時是客人入住的時間。

這兩個座位是他的任督二脈，他靠這種獨特方式了解、掌握一切，除了可以第一時間迎送客人外，還能知道客人的抱怨，當有較嚴重的狀況發生時，他也可以就近即時處理。

大廳就是總經理的舞台，如果很久沒去「站台」都會心癢。正如電影《麻雀變鳳凰》（*Pretty Woman*）裡的旅館經理（Hector Elizondo飾演）一樣，每次鏡頭帶到大廳時，他便站在那裡。我每次到具水準的旅館，總可以馬上辨識出誰是總經理，不是從名牌辨識，也不用觀察長相或穿著，而是從他站的位置、架勢和指揮的樣子，就可以知道誰是這間旅館的總司令。

通常總經理站的位置是可以掐住旅館任督二脈的位置，也是客人最容易看到或找到的位置，通常也都在櫃檯附近。只要是旅館人，一移到那個方位上，便自然會「總經理上身」，就算不是在自家旅館，到了別家旅館大廳也自然就站上任督二脈的方位，開始觀察、分析客人，也自然想要去服務客人，旅館大廳就是好的總經理施展身手的最佳舞台。

適時出動拜訪客戶

好旅館的總經理除了鎮守旅館，適時出現在「總經理的舞台」，讓客人看到、找得到外，更要主動出擊，「出走」去拜訪客戶。

我記得有一次到東京開會，碰到曼谷東方文華酒店任職四十多年的瑞士籍總經理瓦奇維托（Kurt Wachtveitl），他是旅館業的傳奇人物，從二十七歲做到六十七歲，是全世界排名第一的旅館總經理。第一天大會開幕酒會時，大家都爭相跟他合照，第二天和第三天白天整天會議上，我們都沒有看到他，第三天晚上大會要結束了，他才又再出現。我們都開玩笑說他是不是乘機去找情婦了，傳奇總經理這才透露，其實他是乘機去拜訪重要客人。

我在亞都時，有位香港丁姓客人，是保險公司高階主管，他一路看著我成長，對我期許很高。可能是從事保險業的關係，丁先生非常重視養生保健，看到我們做菜用鐵鑊搭配鐵弗龍的鍋子，就覺得很危險，屢次要求我們改進，但他的意見都被我們晾在一邊。

有一次，他從香港帶了木質的鍋鏟，要讓我們使用，但我們還是沒有用他的愛心鍋鏟。丁先生非常生氣，回去香港後，立刻寫了一封很長的客訴信來抱怨，我接到信之後，知道事情非同小可，即刻買了禮物專程搭飛機去香港向他賠罪。幸好客人對我只是愛之深責之切，並沒有眞的棄我於不顧，見面後並接受我的道歉。

同樣專機到香港向丁先生賠罪的另一位企業高階主管，就沒這麼幸運了。

丁先生也是西北航空十幾年的忠誠客戶，有一次因爲航空公司超收客人，他買的是頭等艙機位，卻被降級到商務艙。丁先生大爲生氣寫了一封信抗議，結果西北的副總裁從美國總公司，拎著升等機票、專誠到香港道歉。丁老闆卻不買帳沒有接見他，表示說：「我寫信給你，你回信就好，我們『信來信往』，我沒有必要見你。」

在曼谷東方文華酒店任職四十多年的傳奇總經理瓦奇維托（右），總是在大廳守候，準備隨時服務客人。

別等出事才修補關係

以前，我會覺得這位客人很龜毛、機車，但是現在，他讓我體會到，總經理「出勤」拜訪客人的重要性，就算翻山越嶺，也是必要的。更重要的是，不應該像那位西北航空的副總，或是當年的我一樣，出了事才去拜訪、向客人賠罪，應該在平常就要維護良好關係。

不帶任何目的拜訪客人，而不是爲了拉業務，這就是總經理強化與客人關係的重要動作。

我還記得自己最遠的外訪客人紀錄，是到美國芝加哥，趁著去紐約參加會議，「順道」去的，說是順道，其實從紐約坐飛機到芝加哥有些距離，我還帶著巧克力當伴手禮。

客戶是一家汽車零件公司，位於芝加哥沒落的工業區，有好一段時間，每年都會固定來台灣採購。客戶每次來台灣都住亞都，也都會十幾個客人住上兩個星期，是很好的客戶。臨走時，客人更會手中握著十來個信封，每個信封都裝了兩千元作爲小費，一路從門衛、總機、房務員……發放下來，毫不手軟，所有服務過的人都有份。

那次我千里迢迢去看他們，是單純的友誼拜訪，沒有其他目的，客戶自然很高興，把全公司曾到台北出差過的員工都叫了來「見客」。這種客人眞的是讓人感覺很棒！

旅館可以「老」，但不可以「破舊」

我經常利用較空閒的星期一下午三點鐘，帶部門主管巡視整個旅館。內場是看廚房、倉庫、冷凍庫、酒庫，不可漏掉營業場所和大的區塊，房間則是每次看四、五間，並記錄下來，每一間客房每年都要檢查一次。

巡樓強迫總經理去勘察設備和人員，重點在從地下室往上看，每一層樓、每個角落都得檢查，才能發現安全、設施上的問題，或不合理的狀況與事物，甚至不快樂的員工或是對客人不便的措施。

巡樓是總經理對自己的要求，總經理不在，就由副總經理代理進行。就像醫師每天一定要到病房巡房一樣，旅館每週也一定要有高階主管巡房一次，不可偷懶。例行巡樓之後，秘書要做紀錄、要追蹤，倉庫要先用哪些物品、漏水要修、總經理有哪些新的指示、哪些項目在會議中要提出來討論……等等。有時是反過來，例如部門主管會議或晨報中提出的某個議題，總經理便會說下次巡樓時我們要特別去看，秘書也會在巡樓前提醒總經理。

總經理巡樓時不要漏了員工宿舍，看到髒亂，得留個條子提醒同仁，也會看洗衣機好不好、鞋櫃有沒有髒亂、有沒有一大堆垃圾食物、上網速度好不好……。巡視宿舍的主要目的不是監管員工，而是希望他們的生活環境更好，這點很重要，因爲不快樂的員工，就不會有好的服務，員工快樂，工作時才自然會出現笑容。

總經理巡樓就像日劇中出現的醫師巡房一樣，會有自己的陣仗：一個大咖，帶著幾位高階主管，井然有序地在旅館內巡視，旁邊還有人做紀錄。客人若剛好「撞見」這個場景，就能了解這家旅館是爲了更精進、更優質的營運、更好的服務，才這麼做。客人因而對旅館留下良好印象，因爲他可以安心住，這是管理良善、有在進步的地方，不是一家沒人管的旅館。

我還記得多年前去南非時，有機會參觀採金的礦坑，我注意到現場有個馬達，上頭寫著Sulzer，一九〇八，我去的時候是一九九三年，近一個世紀的「老」設備還在用。Sulzer是專門生產輪船引擎的瑞士公司，運作近百年還可以用，可見其品質之優。

所以不是只有新的好，舊的若維護得好，才叫厲害。優質旅館的建築物和硬體，一般來說品質不會太差，只要維護得好，就能夠長久屹立；旅館可舊，但不可破，殘破敗壞絕非待客之道。

雞尾酒時間搏感情兼蒐集意見

總經理日常也應該主動找客人聊天、談話。不少外國客人都有下班後喝杯小酒、閒聊一下、放鬆上班緊張情緒的習慣，吃過晚飯再回家。所以每天下午五點鐘，總經理可以出現在旅館的酒吧，和客人攪和、閒扯一下，培養、強化彼此的關係。

嚴長壽總裁在亞都飯店就率先推出雞尾酒時間[註]，稱為Ritzy Hour，每週一、三、五晚上五到六點左右，所有住房客人都可以參加，可以免費喝飲料，飯店提供小點心。總經理等相關主管則以主人身分跟客人聊天、互動。

在這場合，總經理跟客人聊聊天、問候一下，往往會有意外的收穫。當總經理問：「住得習不習慣？有沒有什麼問題啊？」若有客人反映，早餐的法國麵包太硬了，總經理就可以乘機問問其他客人的看法。若是其他人都不這麼認為，便知道是該位客人的特殊口味，應該特別記下來，交代服務人員提供這位客人軟一點的麵包，而不用刻意為了一位客人的口味，「指責」麵包師傅做得不夠好。

這是總經理固定跟客人交誼、聽取看法交換意見的好機會。一般旅館並沒有所謂的雞尾酒時間，更遑論旅館中高階主管藉此機會和客人交流了。有些旅館雖有類似的活動，但只是擺放點心、飲料，讓客人自行取用、交流，旅館方

註 雞尾酒時間
雞尾酒會是一種無座位，不論是賓客或主人都可以隨意走動、加入不同人的一種社交聚會。客人可以自由點飲料，主人提供可簡單或可豐盛的小型餐點（finger food）。

面卻沒有人現身。

嚴總裁這個創意，原本是想讓亞都的客人，住在亞都能夠更有家的感覺，不會因爲忙於商務、長年在外奔波，而覺得孤單。但我們後來發現，這種非正式活動帶來極大的附加價值，是「低成本」蒐集客人意見的最好機會，在這種較輕鬆的非正式氣氛中，客人吃了東西比較會講眞話，員工和客人也比較沒有鴻溝，不論是抱怨或溝通，都較能獲致效果。

爲忠誠客戶辦感謝宴

另一個和客人建立交情的做法，就是總經理的晚宴。

這是每個月一次的活動，邀請對象包括安排客人入住亞都的本地客戶，以及兩種住房客人——每個月來往兩三次，每次會住個一、兩天的客人，也就是「常客」（frequent guest）；另一種是「長住客」（long stay guest），也就是每次一住都會住上好幾個禮拜，甚至一個月之久的「長」客。

總經理的晚宴比雞尾酒時間愼重、正式，通常在中餐廳，或是在西餐廳款待全菜單的正式晚餐。

總經理晚宴最主要用意在感激忠誠的客人，也藉此獲取客人的第一手意見。宴請本地客戶則在藉此建立私人情誼並鞏固客源，防止客人因故流失到競爭對手的旅館。

例行的總經理晚宴一個月舉辦一次，另外還有一年一次的晚宴，是在每年秘書節舉辦的感謝晚宴，因爲秘書是旅館的隱性客人註。

以外商公司秘書爲主力群的娘子軍，雖然自己不會來住旅館，但是公司的客戶或國外來的主管都由她們安排入住，也會安排主管餐會或宴客在旅館舉行，她們是主導旅館業績的「錢脈」之一。

我記得有位武器公司的秘書，常送客人來住亞都，她爲人非常嚴格、很有威權，跟她做事馬虎不得，亞都的同事私底下稱呼其爲「娘娘」。爲「娘娘」辦事不輕鬆，但是如果讓娘娘滿意，就會有生意源源不絕上門。當這位秘書轉職、跳槽到一家大型航空公司後，航空公司的客人也跟著轉入亞都入住。可見秘書是旅館不容小覷的金主。

從巡房做起，不論是外訪客戶、雞尾酒時間，或總經理晚宴，都在顯現，總經理應該主動、主導性地現身營業現場或客戶面前。如此一來讓現場員工或小單位主管，有機會向他「訴說」種種問題，另一方面總經理也可透過自己的經驗，或以較銳利的眼光，去了解客人眞正的需求或營運上的問題，以適時做出應變或主動改善問題。

另外，值得一提的是，在我擔任亞都總經理期間，有一位強勁對手，讓我每天都兢兢業業，就是晶華飯店的法籍總經理，他很厲害，既可以揣摩老闆的

秘書俱樂部

秘書是旅館的non-guest customer，她們不住旅館、不會來用餐，卻會安排老闆、客人住進旅館，雖然不是決策者，卻有絕對影響力。旅館要對秘書表達感謝得注意拿捏分寸，不能給錢賄賂。有些公司對員工有嚴格道德規範，規定禮物不能超過多少金額等等。許多旅館因而組成「秘書俱樂部」，依大公司秘書對旅館的產值貢獻度，提供摸彩券、折價券等，有請人演講或辦烹飪課等活動，就邀請秘書免費參加，也可免費使用健身房，以表達感激之情。旅館每年也在特定時間如四月的秘書節時特別請客，是跟客戶保持良好互動的方式。

心意，又可以維持自己的理念。

這位總經理每天早上六點半在飯店大廳集合客人，帶客人慢跑到圓山飯店再跑回旅館。每天都工作到晚上十一點才回房間，簡直是個機器人。就是這麼拚，所以搶走我很多客人，讓我很痛苦，每天都在想要怎麼打敗這個敵人。

雖然有競爭關係，但我們從來沒翻臉或惡臉相向，我們彼此尊重。現在想來，人生路上有這號敵人是我的幸運，讓我一直保持鬥志，即使現在想到他，還是有躍躍欲試的悸動。

10 她們其實是特務——房務員

前頁圖爲香格里拉台北遠東國際大飯店房務員連欣。
場地／香格里拉台北遠東國際大飯店
攝影／李明宜

房務員

職務亮點：如慈母般細心呵護客人。

工作內容：以媽媽的細膩心思關懷客人房間的整齊清潔，藉由整理房務之便，深入了解客人個別需求或異狀。

工作時間：輪兩班制。

《女佣變鳳凰》（*Maid In Manhattan*）電影中，「旅館女房務員偷穿客人衣服」的情節，若出現在眞實旅館中，當事人只有被開除一途，在旅館絕對不允許發生類似行爲。

房務部是旅館的中流砥柱，旅館房務做得好，總經理就能高枕無憂。房務和每位客人息息相關，房間整理夠不夠清潔、客人私人物品是否安全，都和房務員脫不了關係。

看不到的地方也要清潔衛生

從美國加州州立大學波莫納（Pomona）分校畢業後，我第一個旅館工作就是在客房多達一千五百間的波納文徹（Bonaventure）旅館擔任房務儲備幹部，經歷樓層服務員、事務員、公共清潔員，到擔任總領班管理所有人。我進入亞都飯店，從櫃檯服務員做起，幾乎每個單位都實習過，曾經每天整理十六間客房，刷過十六個馬桶，鋪好十六張床。

房務員的清潔分幾個等級；第一是清潔、衛生兼顧。清潔要做到「看不見髒」，衛生則是肉眼看不見的也要清乾淨。所以客人用的漱口杯不能隨便洗一洗，應該要消毒或高溫殺菌，不能只是擦過，沒有指紋就算了。

第二是客人看不到的時候，也要設身處地著想。舉例來說，浴室地面洗過後通常是溼的，必須擦乾，很多房務員會直接用客人用過的浴巾來擦，反正浴巾都要送洗、消毒。但萬一你在清潔時，被客人撞見，他會有什麼觀感？難道客人洗澡用的浴巾，前一天也被你拿來擦地？

抓到操守有瑕疵，一律開除！

房務員的操守極為重要，因為接觸得到客人私人、私密的物品；客人最好

房務員的主要工作：清潔、整理。看不到的地方，也要講究衛生和細節。

的東西，房務員看得到，客人最私密的東西只有她摸得到，或是現場只有她一個人、沒有監視錄影機，道德操守自然是要件。

為了找出理想房務員，主管面試可以問一些看似不相關的問題，例如，報紙社會版報導了拾金不昧的事件，就可以拿來詢問：你有沒有碰過這種事？怎麼處理？然後看應徵者是怎麼回答、反應的。

除了找對人，房務員工作時最好兩人一組，好彼此觀察，例如老人帶新人時，就可以觀察新人對客人貴重物品的反應，若一直盯著瞧就要加以提醒。再下次，新人可能不再直接看，卻偷偷瞄，這表示新人還是受不了誘惑，管理方就要提高警覺。客人掉東西時，主管第一時間應該先相信員工，並且在解釋、溝通清楚後，進行必要調查，用意在澄清員工的清白。

統一飯店曾是台北市最好的旅館，有一段時間卻經常有客人掉錢，總經理懷疑是內賊，卻苦於不知如何抓。後來跟客人商量，先抄下鈔票號碼，然後每天下班時，每個員工都打開皮夾檢查，內賊就這樣抓到了，是某位男性房務員。早期台灣旅館的客房清潔人員都是男性，但是男性比較會有家計問題，也較容易因爲經濟壓力之故偷錢或媒介色情。

以往的年代，要進中山北路一帶旅館工作，還要先賄賂主事者。那時月薪不多，但工作三個月連賄賂錢都賺回來了，原因就在外快、小費多。外快怎麼來？媒介色情就是外快的主要來源。

「三七仔」就是源自於此，指的是早期旅館的色情媒介者，在一筆一千元的交易中，中介者可賺三百元，一天只要多媒介給幾位日本客人，「三七仔」就賺翻了，難怪要做個房務員，得先付出月薪十幾倍的賄賂金。

旅館獨特的鑰匙系統

旅館外來小偷入侵的機會很少，因為有監視錄影機。現在旅館都改為鑰匙卡，以前用傳統鑰匙的時代，旅館的鑰匙都有自己獨特的系統。旅館鑰匙的凹槽設計與一般家用鑰匙不同，外面鑰匙店沒有，所以無法隨便拿到外面複製，而是由旅館自己打鑰匙。換句話說，旅館有專屬的專業鑰匙，經過一段時間，樓層的鑰匙會「輪調」。例如，三樓所有客房鑰匙和十二樓對調。旅館有自己的鑰匙匠，更換輪調或打造鑰匙都自己來。

日本Hori公司生產的鑰匙，則根本不用換鎖頭，拿萬能鑰匙（master key）進去插一下，鎖就歸零了，再拿一把新鑰匙一插、轉一圈，換鎖程序便完成，完全是智慧型的。通常房務員會有一把鑰匙，可以開她所負責樓層的所有客房，叫作樓層鑰匙（floor key），總經理的鑰匙則是全旅館所有門都可以打開的萬能鑰匙。

要惜物、體力夠、動作快

房務員除了操守好、專業能力強外，體力也要強，因爲床很重。房務員動作要快、效率要高，客人都會拖到很晚才退房，新房客又想趕快入住，房務員一個人四小時要做完十二間房很難，因爲一個房間至少要二十五到三十分鐘才能清理完成，她們清潔整理時總是很趕，也經常有腰部、脊椎、手肘的職業病。

除了清潔房間，房務員還有地毯、擦樓梯扶手等保養工作。吸地毯也要注意細節，看到有客房掛了「請勿打擾」或「DND」註牌子時，那間客房前面的走廊，就先不要吸，免得吵到客人。若有客人凌晨才入住，夜間經理要特別交代早班房務部，該樓層領班也會特別交代房務員，打掃時不要吵到某間房的遲睡客人等等。

雖然房務員要做很粗重的工作，卻要細心，更要有像上面那種「與客人感同身受」的同理心。

若懂得維護旅館用床，理論上可以睡四十年，因爲每一年翻四次面。床有四個面，每一面各標上代表一、四、七、十月的號碼，每一面、每三個月，就要輪流挪到客人睡下去、頭躺下的那一端，如此，就不會有某一邊塌陷得特別嚴重。旅館都有方法讓家具、餐具等更耐用。例如刀叉是鍍銀的，銀器用久了

什麼是DND

DND是「Do not Disturb」的縮寫，指的是掛在房門門把上的牌子，或亮「請勿打擾」的燈號。這樣服務人員就不會敲門打擾房客了。

或刮傷，就再送去鍍一次，所以旅館的銀器可以用一輩子，都會很有質感。

觀察客人的第一線

雖然現在很少見了，不過旅館最經典、傳統的服務仍舊和「床」有關，那就是「開夜床」（night service或turn down service），也就是把床整理成客人回房、鑽進去就可以睡覺的樣子。

講究的旅館，在早上客人起床後，會整理房間，到了下午四、五點以後，還會再進房去幫客人稍事整理：用過的毛巾掛好、床單拉平、垃圾倒一倒、床尾的床單拉出來一些，睡覺時才能讓腳有空間放得舒服點，然後地上放上一塊床墊布，上面放上拖鞋，這樣就是等待客人就寢的狀態。

早期豪華套房還會在床上擺一杯白蘭地，稱之爲睡前酒（night cap），是讓客人在睡前喝了可以放鬆、容易入眠的。旁邊經常會放上一片綠色的薄荷巧克力，取其吃了有個「甜」美的夢（sweet dream）之意，通常一個晚上要價六、七千元以上的旅館，才有這種講究。

房務員除了專業清潔、細心服務這些基本要求外，最好還能扮演「探針」(probe)的角色。房務員因爲工作之便，有機會深入客人的私領域觀察到客人的私人習慣，轉而成爲旅館提供更貼切服務的情報。

房務員的禁忌

不可以接客人房間的電話，以免產生不必要誤會。旅館若要聯絡在某個房間工作的房務員，也不會打該房間電話，而是透過樓層電話聯絡。不可使用客人的衛浴設備；不可翻閱客人文件；不可坐在客人房間內的家具或寢具上；不可與他人談論客人隱私。

例如，客人把冰箱插頭拔掉，是因爲冰箱運轉太吵了；客人把窗簾拉得很密、很緊、完全不透光，是因爲太陽剛好直射進來，一大早就會被曬醒。我還碰過客人因爲怕吵，用毯子將冰箱包起來的情形。所以旅館應該用無壓縮機的冰箱，雖然價格比一般冰箱貴上三、四倍。

房務員因爲工作需要而「深入」客人房間，若有異樣之處也可藉機關心，例如客人把書桌搬了位置或是頭睡在床尾，可能就是隔音不好，被隔壁房吵到了。或者是看到房間內三捲衛生紙都用完了，原來客人感冒或壞肚子了，便可

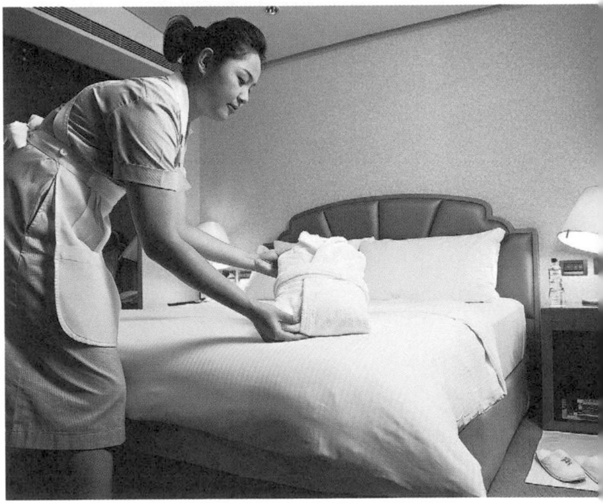

上／德國旅館非傳統式的夜床擺設。

下／夜床：旅館夜床的擺放方式，有單邊摺被，也有雙邊的，就看住房人數。拖鞋擺放方式也有頭朝裡或朝外的差別。有的旅館會貼心地在床頭櫃上放一瓶水，讓客人半夜口乾喝水不用下床。

以主動關心。有時發現房間好多祝賀花束，一問之下是客人過生日或得獎了，旅館就可以主動表達祝賀之意。

又例如，星級旅館的客房中都會擺水果，如果客人住超過一星期，卻除了蘋果，都沒動其他水果，那麼，房務員就要回報客人這項偏好，下次同一位客人再光臨時，房間內就可以多擺些各式蘋果，房務員所提供情報，可以讓旅館的服務更上層樓。

發現問題，改善服務

有時候總經理巡房時，也可以觀察出客房的問題，具有和房務員清潔房間順便「刺探」的類似作用。我有一次到某個房間一看，怎麼客人的行李擺在地上？爲什麼客人的充電器放在浴室？原來是有些行李箱體積比較大，原本的行李架不合用，或是房內插座太少，客人只好拿到浴室充電。旅館首先可以借客人延長線，而下次裝潢時就要增加插座，換較大尺寸的行李架。

若客人有「異狀」，也可以靠房務員留心而觀察出來。

亞都飯店曾經有位香港來的中國籍老先生入住，老先生很神秘，沒有訂房也沒行李，而是下飛機時問人哪一家旅館好，就帶著一張信用卡住進來了。

雖然沒行李，沒多少現金，但是老先生派頭很大，出門租加長型禮車，

香港半島酒店房間內的衛生紙特別打上印記，表示已整理過但尚未有人用過。歐洲某家旅館的客房服務，標榜可以提供世界各國的報紙。也有旅館訴求可提供各種枕頭，以滿足客人不同需求。

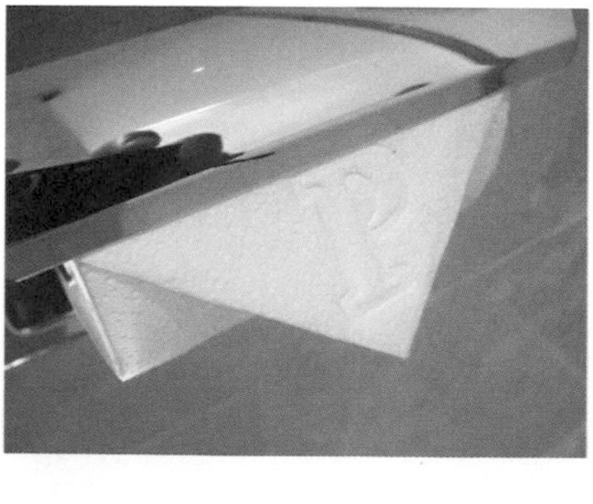

來電找他的人都是留言總統府、新聞局、美國在台協會等單位。更神通廣大的是，每次老先生的帳累積到一定金額、信用卡又止付了，我被迫要求他付錢時，他就打通電話，然後就有人出現幫忙付帳，而且不止一次。

然而，老先生剛入住時，房務員的情報表示，他似乎健康很差，房內一地都是用紙包著的、咳出來的痰，一度讓我擔心他是厭世，才找了家旅館入住想要自殺呢！

房務員也可能碰到客人想聊天，也要適時回應。房務員不見得語文能力好，但要有笑容，顯示自己快樂工作，自然給客人不一樣的感覺。

亞都有位房務員陳足歐巴桑，就是其中典範。陳足小學沒畢業，國語、英文統統不輪轉，但是在歐美客人為主的亞都服務人員當中，她的小費總是排名第一，客人讚美信中，她的名字也經常出現。

亞都很注重教育訓練，陳足雖然也努力學習英文，上課筆記都用台語注音、寫得密密麻麻，仍然心有餘力不足，但是她用真誠補足短處。打掃房間前，陳足一定先搞清楚房客的名字，若是阿斗仔客人，她會用真誠的笑臉、努力操著台語發音稱呼客人名字，這時再怎麼龜毛的客人，也很難不立刻融化。

不僅用微笑彌補短處，征服了客人，陳足工作效率高，三個月一次的翻床也是自己一個人就搞定，像陳足這種同仁，連主管也被她征服了。

美國上市公司CEO的安全措施

說到旅館的安全措施，美國有幾家公司特別重視。我碰過美國企業董事長訪台，台灣分公司舉行歡迎酒會，酒會開始、賓客到齊而董事長還沒下來時，管理部經理會先出現，提示現場賓客，出事時該怎麼疏散：哪些人走左邊的門、哪些人從右邊出口離開現場。

還有公司要求旅館，在董事長入住期間，隨時都要有一部救護車停在旅館停車場二十四小時待命，並且配置能用英文溝通的醫護人員等等。這些公司之所以如此謹慎，是因為它們是上市公司，董事長一旦出事，對股價影響非同小可。只要旅館的消防檢查有小差錯，他們立即就換旅館，絕對不遲疑。

11

企業文化的第一線尖兵

公清人員

前頁圖爲台北亞都麗緻大飯店公清人員李鳳嬌。
場地／台北亞都麗緻大飯店
攝影／石吉弘

公清人員

職務亮點：快樂公清員點亮客人的眼睛。

工作內容：負責旅館公共區域如大廳洗手間等的清潔衛生，並可藉由職務之便了解客人對旅館的觀感。制服間人員則負責將清洗、整燙過的制服和布品整理及發放，因爲會接觸旅館所有同仁而常兼具「心靈療癒師」的角色。

工作時間：上午九點到下午五點。

旅館清潔人員不只有房務員，還包括公共區域的清潔人員（簡稱公清人員），公清人員的穿著、打扮、神情，不但能反映旅館的專業度，更左右客人對旅館的整體印象。

公清人員是旅館的櫥窗展示品（showpiece），對旅館形象影響甚鉅，如果表現得很糟糕，客人對旅館會有「壞的聯想」，並且產生加乘效果。我曾碰過公清人員躲在廁所角落講電話，而且講個不停，完全不理會客人提醒某間廁所髒了、該清潔了，眞是不可原諒。

好的公清人員是旅館的隱性秘密武器，當事人往往想像不到自己具有這種功能。主管就有責任讓他們明白這項工作的重要性，以提高服務意識。

香港的旅館公清人員都穿白色上衣、黑色長褲，讓人有種清潔感覺。台灣有些旅館基於成本考量，怕白色上衣容易弄髒，選擇深色制服，就讓人感覺其專業度、清潔度、衛生度，都不太夠格。一心只想省成本的業者不知道，其實穿白上衣才不容易弄髒，穿的人因爲怕弄髒反而更加小心、注意。

最容易接觸到客人的職務

大廳洗手間等公共區域的清潔人員，在清潔時最容易碰到客人，所以有禮貌、舉止合宜，是公清人員的最基本要求。台灣旅館公清人員都是女性，多因男性有「掃廁所沒出息」的錯誤認知，導致連進出男廁清潔的都是女性清潔人員。其實，男廁應該由男性清潔員整理，若不得已必須請女性清潔人員，就該注意：碰到男客人進來，應該放下手邊工作、先退出。但是台灣業者對公清人員的訓練不足，有時上廁所上到一半，還得配合地板清潔人員的拖把，把腳抬起來。這就是不專業的旅館才會出現的不及格行事方式。

除了上述這種不及格做法外，台灣旅館的「定點檢查表」，也就是公共場所廁所門後的清潔檢查清單，更是不專業的展現。這張單子上頭的簽名，常

公清人員的衣著、行為，不但能反映旅館的專業度，更能左右客人對旅館的印象。

常只是相關人員行禮如儀的行爲，不具任何意義。執行清潔工作的公清人員如此，檢查工作的主管也如此。尤其是主管，到底是有沒有檢查，還是放任？經常讓人存疑。

我以前會確實利用這張清單的主管，除了抽檢外，還會在單子上寫重要訊息並簽字，充分利用這張清單來做爲管理、溝通的工具。例如，我會簽上總經理的字樣，寫上「很乾淨」或「第三個尿斗的水沖不均勻」、「水壓不足」、「衛生紙快沒了」等訊息。

如此一來，清潔人員就會知道總經理是重視的，會更認眞做好清潔工作。她也知道自己做得好的地方，主管有看到，自己能夠得到認可、鼓勵。

再講究一點，公清人員工作時是否快樂、有禮貌，也會影響客人對旅館的觀感。有一次我去台東開會，見識到最快樂的公清人員，那是一位原住民阿姨，她一面擦鏡子還一面吹口哨唱歌，讓我覺得她眞是位天使，不但自己快樂工作，還能散播快樂的氣息給身邊的客人！

此外，公清人員也和房務員一樣，可藉工作之便，充當旅館提升服務品質的「探針」。公清人員最有機會聽到客人私底下的眞心話：這家飯店的自助餐好難吃、旅館大廳很吵等等。公清人員聽到客人的眞心評論，除了反映給主管外，也要能適時、合宜地對應。

例如，客人可能會稱讚公清人員做得很好，公清人員若是顯得很不好意思回答：「沒有、沒有啦，不好意思！」這種回應方式是錯誤的，應該回答：「謝謝你！因爲我們旅館很注重公共區域的清潔。」就可以了。能這樣正確回應，客人更會讚賞，這家旅館的員工上下對公司文化很有認同感！

公清人員也和房務員一樣，常有機會撿到客人不小心遺落的私人物品，所以要注意個人道德操守，才可以正確拿捏該做和不該做的行爲。

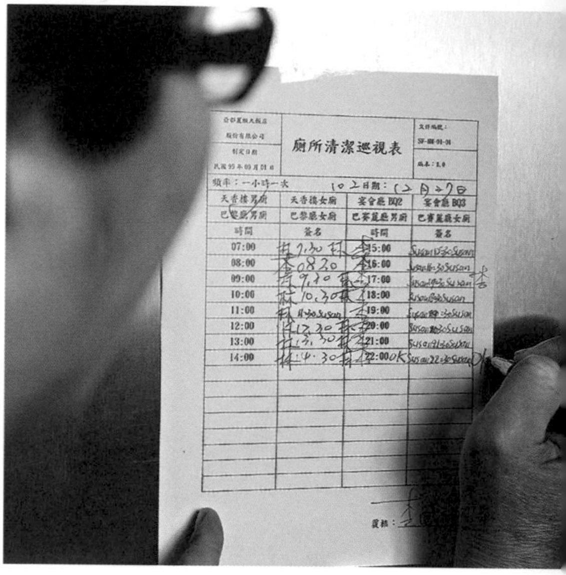

主管除了在清潔檢查表上簽名外，可寫上肯定或提醒訊息。

組織氣氛帶動者——制服間人員

制服間的原文是linen room（linen爲亞麻布的意思）或uniform room，直譯就是布品間或制服間，包括床單、桌巾、制服，都由這個單位負責。布品間並不負責洗滌、清潔，而是負責將清洗過、整燙過的布品和制服，整理好、發放給員工。之所以稱爲麻布間，是因爲早期飯店所有布料都是用麻料而非棉織品之故，麻料較容易整燙、比較挺且容易上漿。

制服的品管好壞，會影響旅館形象，所以旅館制服不能由員工自己清洗，一定要有專人專業清潔、整燙。現在許多旅館的制服清洗都外包處理了，但早年是旅館自己清洗，比較容易管控品質。

其實讓員工穿制服，並不只爲了「容易識別」、「整齊劃一」而已，制服另有許多功能。迪士尼樂園甚至進一步將制服提升到「戲服」層級，因此他們的制服間稱爲戲服間（costume room），迪士尼定義員工來工作，就是在扮演不同的角色。

迪士尼主管教導員工，早上來到公司，將私服脫下的同時，也要將個人的喜怒哀樂留在置物間，換上戲服，就該表現自己的專業，不應讓私人情緒或其他因素，影響到專業上的角色扮演。

換句話說，在當天上班時，迪士尼員工就是爲遊園者帶來歡樂的米老鼠、古菲狗、白雪公主……，所以，員工的制服是讓當事人轉換角色的戲服，也是協助當事人扮演好自己專業角色的服裝。這就是制服的深層意義。

經過忙碌、緊湊的一天，下班時間到了，戲也演完了，員工脫下制服（戲服）、把制服交回去、換穿回私服，這時，他才能回復自己上班前的情緒，公私要分明才行。

所以，制服具有轉換情緒、角色的儀式性作用，主管除了對員工清楚說明制服的意義和重要性外，更要能夠身教再加上示範。

從事旅館業也有點像演藝事業，旅館人對自己的工作得有興趣、要能入戲、並且相信自己。誠如旅館定位正確，員工服務起來才會到位一樣，個人也要認同這個行業，知道自己所從事的專業是有意義的、會讓許多人快樂、開心。這樣自然每天工作起來都能樂在其中。

迪士尼員工因為工作性質特殊，穿上米老鼠的衣褲，戴上頭套，角色可能就「自然上身」。在旅館，我們換上的雖然不是效果十足的戲服，而是有點呆板的制服，但發放制服人員也不只是「保管」制服的人而已，他的重要性其實不亞於總經理。

例如，在發放制服或碰到員工來更換制服時，制服間人員可能用責罵的口氣說：「你的衣服真難改，你一直胖起來，我就要一直放寬衣服」；或是說：「衣服怎麼弄得那麼髒，你怎麼搞的？一天換三次……」。

制服間人員可以這樣碎碎唸，但最好換個「唸」法：「這麼胖不好ㄛ！身體要注意，再胖下去老婆會不滿」；或是，「一直換衣服，年終獎金都被你們換光了……」。用關心、輕鬆的口氣「嘮叨」，員工會比較能接受。通常大家去換制服，都是不得已的，可能是因爲搬了大量桌椅布置婚宴會場，才弄得滿身汗。制服間人員若能說：「辛苦了，這是新的一件……」，員工也會覺得自己的辛苦有被看重。

其實我很了解制服間工作的甘苦和重要性，常抓住機會和制服間人員「交心」，讓他們知道自己若能笑臉以對，同事也會回報以笑臉，反之，則是負面能量在彼此之間流動，後果難以預料。

如果廚師來換衣服，被制服間人員一罵，那做出來的菜就不可能多美味，因爲他心中還帶著無端挨罵的怨氣。

所以制服間人員是可以影響其他員工的心情好壞的。若每次有同事來換制服，制服間人員都能閒聊幾句、鼓勵一番或藉機表達感謝之意，就可以在無形之中，扭轉旅館的士氣，所以，這是很重要的關鍵時刻。

進一步來說，制服間的工作雖然是制服、布品管理，做得好的制服間人員，就像是輸出快樂的旅館內部心理師，可以撫平大家的情緒。可惜多數旅館主管不看重制服間人員這個角色，甚爲可惜。

體貼客人的黑手——工程人員

旅館工程人員負責弱電和重電，弱電包括電、水、家具、地毯維修，因此有油漆室、木匠室、電氣室、鐵工室等相關負責維修的工程人員，大型飯店都有這樣的配置。

工程人員會到客人房修電視、電燈、查網路線，甚至宴會廳有活動時，得去安裝音響、燈光。如果工程人員有服務概念、夠專業，能為客人著想，就能夠幫旅館加分。例如，到客房修理時，先鋪好保護地毯的布墊，不要在地上留下髒污。夏天來臨前也能未雨綢繆，預先保養好冷氣，公共區域有燈壞了，在修理之前會做好預防措施，修完之後，清理乾淨。

到客房客人在場，要表達歉意，修好東西、清潔好、還把周圍復原，就比如修好電視後，會再轉回客人原本在看的頻道。如果客人是外國人，要請服務人員陪同協助翻譯，向客人打招呼。服務做到位，即使是工程人員這種黑手，也能成為為旅館的秘密武器！

12 客人的內務總管 — 貼身管家

前頁圖爲香格里拉台北遠東國際大飯店的貼身管家王建昇。
場地／香格里拉台北遠東國際大飯店
攝影／李明宜

貼身管家

職務亮點：優雅不炫耀的專業服務。

工作內容：打理旅館貴賓從入住到離開的所有大小事務，是貴賓入住期間的個人管家。

工作時間：從客人入住到客人離開。

長型禮車緩緩駛入旅館車道，旅館總經理站在大門迎接，隨即與相關人員簇擁著貴賓，踏上紅地毯、走向已在等候著的電梯。電梯瞬間抵達高樓層套房，電梯門一打開，專屬的貼身管家（private butler）已在旁等候，馬上引領貴賓一行人進入套房。

管家向貴賓問好、致意之後，第一項任務就是介紹房內的所有設施。接著，管家幫貴賓整理行李，把衣服拿出來，分門別類放進抽屜或吊掛。所有這些工作都有一定程序，不好整理的衣服，等忙完貴賓眼前交代的事情，有空檔了，就立刻動手整燙有皺褶的衣服。

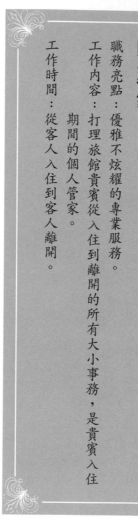

過一會兒，貴賓要出門，管家就安排禮車和司機、再送貴賓到電梯門口。深夜，貴賓回來了，管家一定會等在電梯口迎接，目的就在讓貴賓有「主人，您回來了！」的感受。

提供無微不至的服務

協助貴賓寬衣、入浴、放鬆、喝杯白蘭地就寢之後，管家就要趕緊擦鞋、整理貴賓換下的外出服，預備貴賓第二天的行程安排。

最後，貴賓要退房離開旅館，管家便要幫貴賓整理行李。他知道如何摺疊、放衣服，才不會損壞衣服，又能節省行李箱空間。到了目的地，客人再打開行李時，衣服不會皺巴巴，這些細節都是做好管家的基本學問。

這就是高級旅館為貴賓所準備的專用貼身管家服務。

外國人的姓氏有許多來自其職業，史密斯（Smith）是鐵匠，米勒（Miller）則是磨坊主人。如果你有朋友姓巴特勒（Butler），他的祖先很有可能是從前伺候貴族的管家。有人開玩笑說，管家這個職位是「封建遺毒」，是一種家奴。但是在旅館業，管家是值得尊敬，更可以為旅館加分的專業人士。

貴族的管家要忠心，最具代表性的人物就是電影《長日將盡》（*The Remains of The Day*）裡安東尼・霍普金斯（Anthony Hopkins）所扮演的角色

——一切以主人為考量前提，將主人的大小事務照顧得無微不至。

到了當代，旅館的貼身管家職位，定位為「照顧客人的最貼心服務人員」。在旅館裡，萬事通站在櫃檯內，負責客人的「外務」，管家則負責客人「內務」，就像客人自己家裡的總管，除了兼門房、秘書、私人總管外，甚至在房務員忙不過來時，親手協助清理房間。

為了讓貴賓隨時傳喚得到自己的專屬管家，旅館大套房旁邊都會設置小房間讓管家住，在貴賓入住期間，管家寸步不離。

VIP客人因隱私考量，多半不會到旅館餐廳用餐，而選擇在套房內吃飯，就像《女佣變鳳凰》中參議員和女主角替身的午餐約會那幕。這時管家就必須在套房門口接手客房餐飲服務人員送上來的餐點，然後服侍客人用餐。

管家另一項較特殊的工作，就是要為客人燙報紙[註]，防止報紙的油墨沾污客人的手。有人會說，現在又不是封建貴族時代，還要燙報紙？但是管家的工作就是講究這些細緻之處。我認為，任何工作只要提升成為一項專業，就值得尊敬，沒有尊卑之分。

我在旅館工作時，曾接待香港殖民地政府的布政司（地位僅次於總督）女性高官，她入住總統套房。那時旅館還沒有貼身管家服務，所以這位女士的衣物便要拿到洗衣房處理。在洗滌和燙整過程中，女性高官的秘書一直在旁監督、指示洗衣房該怎麼處理，顯見頂級客人講究的地方。有一次亞都的客人要

為什麼要燙報紙

十九世紀，在印刷術大量運用前，印報麻煩，資源有限，費用也貴，報社發行報紙可能一天印兩百份，報童會遞送給訂戶，時間到了就收回來，然後再讓其他訂戶傳閱。貴族的僕人會幫主人燙報紙，是因為報紙的油墨都會沾污手，所以要燙過好讓油墨被「吃」進去紙裡面，就不會弄得兩手黑。在旅館裡則只有頂級客人才享有燙報紙的服務，一份報紙燙下來要花費許多時間，沒辦法服務每個客人。

我們改一條他在香港新買的長褲，因爲經驗不足，結果幫客人改得太短，讓客人這條一次都未穿上身的長褲，完全泡湯。當時那條長褲的品牌尙未進口台灣，在台灣有錢也買不到，最後賠了長褲雙倍的錢，麻煩客人自己再去買。自此以後碰到不小心毀損客人衣物的事，我都二話不說立刻賠償，因爲將心比心，客人外出旅行所攜帶的衣物，對客人而言可能附帶有許多情感，曾和他旅

幫客人選酒，也是貼身管家的服務項目。

行過無數的地方，對他而言，是無價的。

要像神父保守告解者的秘密

《長日將盡》這部電影成功傳遞了管家這個職位的精神——一切以主人的需要爲優先。從前的管家幫主人更衣、入浴時，眼光都會刻意看往別處。旅館的管家必須是可讓人信賴的人物，能隱藏客人的所有秘密，絕不對外透露，如睡覺鼾聲如雷、每晚帶不同女人回來、總是把床單弄得很髒、嘔吐或大便在床上、女客人房間內有各式各樣的情趣用品……等等。

新加坡萊佛士酒店[註]歷史超過一百年，門房是印度人，包著大頭包，最有名的**long bar**，用很高的杯子裝飲料，滿地花生殼都是客人吃完往地上丟的，是一間很有特色的酒店，也是舉辦過辜汪會談具歷史意義旅館。

英國國家廣播電台（ＢＢＣ）有個節目訪問過萊佛士的女董事長。女董事長繼承自父親的家業，畢業自美國康乃爾大學旅館管理系。我對該次電視訪談印象最深刻的是，節目主持人問女董事長：請問你們旅館住過哪些名人？她的答案卻是：「對不起，我不能告訴你！」這眞是令人佩服的態度，和台灣某些高級旅館想藉名人入住，拉抬身價、行情的心態，截然不同。

旅館是一個特別強調職業道德的行業，尤其是貼身管家，和客人幾乎是

新加坡萊佛士酒店（Raffles Hotel）

由兩位亞美尼亞兄弟在一九〇七年創立。著名的雞尾酒「新加坡司令」就是這家酒店酒吧發明的。這間旅館是為紀念新加坡首任英國總督萊佛士，萊佛士商人出身，卻將新加坡由一個破舊的漁港，變身為商港，因而成為首位總督。

二十四小時親密接觸，也因此知道客人許多不為人知的隱私，所以對管家的職業要求，必須等同接受信徒告解的神父一樣嚴格才行。

讓客人點頭，而不是驚叫

隨著時代演變，旅館的管家型態也有所改變。傳承「封建社會忠心僕人」這個形象的貼身管家，提供的是一對一的服務。他或是服務某位特定客人，或是某間套房，都屬於貼身管家的職責。當客人入住的套房，價格達到一定價位，或是客人的社會地位到了一定層次時，如阿湯哥這類好萊塢明星，或是客人有特別指定，旅館就會指派專屬管家。

TLC旅遊生活頻道特別報導過，麗池卡爾登酒店（Ritz Carlton）的管家，會用隨身ipad，記錄下客人好惡、幾點該做什麼……等細節，這種管家屬於一般性的管家（general butler）。也有一種管家服務整個樓層，或是三位管家共同負責一個樓層，這都是近年旅館演變出來的新型態管家，都在提供比標準服務更貼心的服務。

我認為包括旅館業在內的任何服務業，都要讓人眼睛一亮才能夠出奇制勝，因此要「古今兼修」才行。例如，在後網路時代卻提供最傳統的服務，或是在最古老的服務精神中，融入高科技技能。

舉例而言，傳眞機剛問世時，用傳眞機傳送資料訊息很稀奇。而現在電子郵件、網路、手機上網這麼普遍，最稀奇的反而是親筆手寫的信，尤其是日本客人非常注重這一點。有些專門接待日本客人的旅館服務人員，每天再怎麼累，都還是得親筆手寫感謝信或問候信給自己的日本客人。

旅館要勝出，就要融合新、舊，讓客人感覺你的服務比別人更珍貴。提供手工或個人化的東西，就可以成爲一項秘密武器。

客戶的資料檔案（guest history），就在記錄客人的細節，包括床上需要幾個枕頭、床墊的軟硬度、水溫要求、泡澡形式、精油味道、特殊品牌要求、早餐所用的果醬、當季水果……等等，都要記錄在檔案中。這些對管家這種提供貼身服務的人員而言，特別重要。管家一定會事先知道客人是誰，所以事前盡量了解、掌握客人的喜好習性，是好管家的份內工作。

相對的，不上道的服務，就是找機會誇耀自己事前的功課做得多好。以前嚴長壽總裁最喜歡法國P牌的氣泡水，他去學校演講時，就曾碰過主辦單位準備了這個品牌的氣泡水，還刻意炫耀，表示自己事先做了功課。管家一定要避免炫耀式服務，要服務於無形，客人就會感受得到。好的服務是服務於心、不著痕跡的，不在讓客人「哇！哇！哇！」而是讓客人「嗯！嗯！嗯！」地暗自點頭讚許。

管家更要了解，最大的競爭對手不是同一座城市裡的同業，而是客人的經驗。會需要管家服務的客人，入住世界級旅館的經驗通常也很豐富，他們會拿你和自己過去的親身體驗比較。再加上這類客人平時都被捧得高高在上，所謂「富二代或有錢人的任性」隨時都會冒出來，身爲管家的人要有這種認知才行。

服務業要做得好，往往要違反人性，我建議有心從事這個行業的人，做好心理準備。這個行業所做的就是在放掉自己、款待他人，完全以客人爲第一優先這種工作成就是無形的，並且要能自我肯定，不依賴外在金錢或他人，才能不斷超越自己的極限。

13

用聲音做好貼心服務

總機

總機

職務亮點：幕後英雄，訊息轉運樞紐。
工作內容：轉接客人電話並提供訊息或回覆客人需求。每天早上依據客人需求叫醒客人，也就是所謂的morning call，morning call時一併留心客人狀況。
工作時間：輪三班制。

在手機盛行的現代，還有行業需要眞人總機嗎？不是有語音就好？是的，即使在現代，旅館的總機仍未被淘汰，事實上，這個職位有著不可動搖的地位。

旅館總機的學問大，其中晨喚（morning call）就有許多意想不到的功能。晨喚有幾種方法，以前是人工，現在則以電腦晨喚爲主，用的是智慧型、可設定各項功能的電話主機，並具有轉接電話之外的許多其他功能。需要晨喚的客人會告訴行李員或櫃檯人員，有時客人也會親自打電話向總機交代。

預定晨喚的時間都會彙整到總機，總機會把時間、房號、客人名字都記錄

前頁圖爲香格里拉台北遠東國際大飯店總機蔡筱臻。
場地／香格里拉台北遠東國際大飯店
攝影／李明宜

下來，設定在電腦裡，時間一到，電腦就直接打電話到客房，客人拿起聽筒常無人回應，只有靜電雜音，這種方式是最差的。

第二種則是電話響、客人拿起聽筒，聽到的只是音樂，例如聖誕季節就放聖誕歌曲。第三是電腦錄音。第四種是眞人總機，並依照客人的習慣語言用法叫醒客人。像大陸最喜歡用「這是您的晨喚！」台灣有些旅館也採用大陸總機軟體，讓台灣旅館的晨喚變得大陸味十足，其實不合適。

晨喚服務埋藏嚴謹細節

一般客人入住塡資料後，櫃檯人員會拿信用卡過卡授權，然後交付鑰匙和早餐卡，並說明用早餐的地點和時間，之後就帶到客房。但在這之前一定要問：「需要晨喚嗎？」很多客人有重要會議或要趕出門或趕飛機，若耽誤了時間，代價不菲。

雖然旅館房間都有鬧鐘，客人還是會不太放心，希望總機早上打電話叫醒他。其實，除了手機、鬧鐘、晨喚三種設備可以叫醒客人外，客人還可能被惡意叫醒，如隔壁的吵雜聲或窗外射入的刺眼晨光。這兩者我都被客人抱怨過，還威脅要求賠償。

早期只有人工晨喚的年代，旅館會用一張大表格，上面畫出一格一格，列

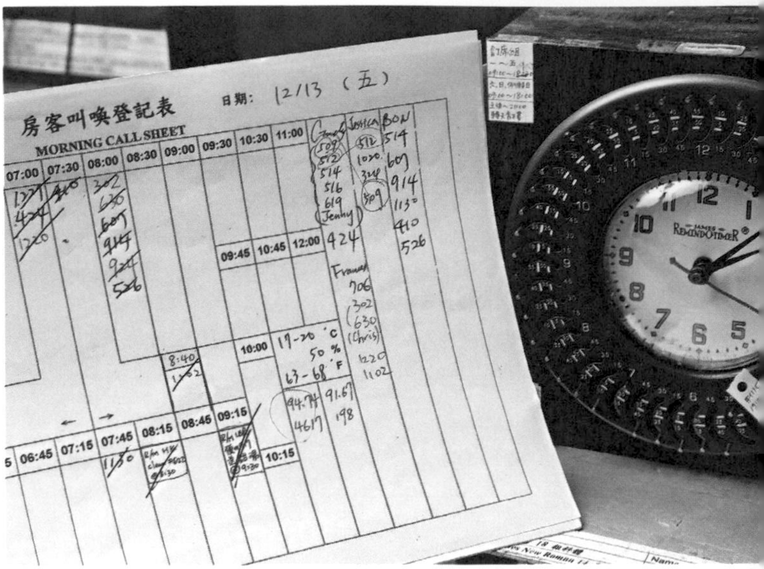

在人工晨喚的年代，旅館使用的大盤鐘，設計成每十五分鐘一格，每一格都有一個可拉下來的裝置，時間一到便會彈上去噹一聲，通知總機打電話叫醒客人。

上零點到二十四點，並寫上對應的名字、房號。旅館也會用一個鐘，每十五分鐘一格，每一格都有一個可拉下來的裝置，時間一到便會彈上去噹一聲，總機就知道該打電話叫醒那個時段的客人。這是個設計巧妙的儀器，就像廚房裡烤東西時的計時器，不過這是每十五分鐘一格，時間一到便跳起來。

如果同一個時間有許多客人需要晨喚，總機就會提早兩、三分鐘開始晨喚。準時「吵人」當然最好，提早一、兩分鐘也可接受，但提早五分鐘，客人就會不高興。延遲晨喚也一樣，晚個三分鐘就會有人抱怨，覺得旅館沒有把自己放在最優先順序上，這時都可能形成客訴，不能不謹愼。

現在許多好旅館會在客人預訂要晨喚時，就問客人：是否需要隔五分鐘或十分鐘有第二個晨喚？以防客人貪睡賴床不起，香港和一些大陸高級旅館都已經開始這樣貼心的服務。

現在幾乎每人都有手機，旅館總機的工作因而減少，旅館留言也減少，但是旅館人還是會想辦法盡心服務，第二次晨喚就是這麼設想出來的。過去有些商務客習慣住同一家旅館，他會先給旅館一張清單，告訴旅館接或不接的來電。若來電者在黑名單上，總機就會說「對不起，我們沒有這個客人。」爲免名單變動，所以每次客人入住時，總機都要再次跟客人確認。有一段時期台灣的圓山等幾家旅館客房分機是無線的，方便客人在房內邊走動邊講電話，甚至當成客人在當地的行動電話，並且免費服務，不用額外加錢。

以前地中海度假村（Club Med）的晨喚更有意思。早期Club Med房內沒電視沒電話，度假村內不用現金交易，而是用代幣（做成項鍊珠珠的形式）。我有幾次要早起參加的遊覽，去櫃檯要求隔天一早七點鐘晨喚，櫃檯回答說沒問題，我回到房中才想到沒電話如何晨喚，還爲這個問題困擾了一夜。直到清晨突然被敲門聲吵醒，原來是服務人員親身敲門晨喚，還要求簽名才算完成程序，眞是萬無一失的服務。

眞人總機可以救命

總機晨喚的原則，就是叫到客人醒爲止，並藉此覺察客人有無異狀。天冷時早上起床容易中風，是關係到客人生命的高風險時段，旅館不能不提高警覺。我曾經有兩次經驗，總機告訴我，晨喚時聽到客人痛苦呻吟，或是電話拿起來後有掉落的聲音，再打進去便沒聲音了。等我們便趕到房間，客人已經昏迷在地了。

所以總機晨喚時要確實聽到客人回應的聲音，並明確回答說：「我已經醒了，謝謝！」若只是模糊回應一聲「好」，就需要在三分鐘後打第二次。眞人晨喚首先是保證客人確實起床了，第二是確認沒有異狀，以採取必要的及時處理。

我們也曾遇過有位老先生用假身分證登記住進旅館，試盡各種自殺方式都沒有成功，卻要求晨喚服務。總機晨喚時卻沒回應，旅館人員破門而入，只見地上有一灘紅色液體，幸好不是客人吐血，而是紅葡萄酒。鬧了半天，旅館才從客人手機的ＳＩＭ卡中，查到登記人資料，通知老先生的兒子來把人接回去。

總機的溫馨、熱情、關懷，還要能在電話中就察覺客人的異樣或不悅。若接到客人特地打電話來抱怨，要當機立斷將電話轉給相關主管處理，才能及時回應客人需求，適時做球給主管。

通常旅館總機幫客人接長途電話後，要在線上留十到二十秒「監聽」，確定通話品質後，才悄悄退出。這麼做的另一個用意是，若「旁聽」出客人通話內容有不對勁的地方，就可以主動回報給主管參考，好讓相關服務人員提高警覺或格外留心。

擔任星級旅館的總機，第一個條件就是外語能力強，而這又得看旅館的主要客層以哪些國家居多，英文是基本的，可能還要會講日文、廣東話。像亞都這類以歐洲客爲大宗的旅館，總機若能聽得懂或講簡單的德、法語，就更能加分了。英文除了「通」之外，也要能聽懂不同口音的各國英語，像法國人和印度人說的英文，口音很重，最難懂了。

要做好總機工作，需要掌握幾個眉角：

眉角一：要讓客人有機會反悔。當我們在餐廳裡叫飲料或點餐時，店員多半會複誦客人的訂單，這是爲了避免錯誤或可能的紛爭，因爲有時聽的跟寫的會出現落差或筆誤。確認訂單是爲了不出錯，也讓客人可以再想想是否要改點別的菜。

假設當總機跟客人確認七點晨喚時，客人又改口說六點半好了，然後他又猶豫著說，還是六點四十五分吧！下一秒鐘，他似乎下定決心說：想一想，乾脆六點好了！但可能覺得實在太早了，立刻又喃喃自語說，或者六點十五分就可以了？最後，終於下了決定似地說，算了，就六點半就好，不用太早！這種情況在旅館裡司空見慣經常會碰到。客人是善變的，有時候他只是想早半小時起來做點別的事。

所以，旅館服務人員要能主動、貼心地問清楚、再確認。夠專業的總機也會聽清楚、說明白。客人留言一定要複述一次，除了確認內容無誤外，也讓客人有改變主意、反悔的機會，這終究是客人的權利。

談到確認問題，若是客人告訴行李員第二天要晨喚服務，之後自己不放心，又向櫃檯交代一次，但是到了晚上臨睡前，總機又打電話去再確認一次。這麼做，會不會太囉唆？

當然不會！這樣才好、才貼心！當然可能有些客人覺得不好，因爲已經交代了，旅館就不該一問再問，但旅館寧可冒著讓客人不高興的風險，也要再三確認，免得第二天早上誤事。

「貼心卻囉唆」或「問過就好了」是旅館自己核定的服務原則。訂了規則，並不表示沒有彈性、不能改變。如果有許多客人反映不要反覆確認，這是多此一舉，那旅館也要跟著因應、改變。

口齒清晰，不要冷冰冰

眉角二：口齒清晰卻不冷冰冰，語氣要有人情味。總機的重要功能之一便是轉接電話，首先要報店呼，不可以講太快，要清清楚楚，讓來電者知道自己沒有撥錯號碼。現在還能聽到店呼很清楚又語帶喜悅與熱情的總機，眞會讓人覺得彌足珍貴。

總機轉接前一定要先說清楚要轉到哪裡，並且得到客人答應，才能眞的轉過去。總機因爲看不到客人，更要口齒清晰、愉悅，語調熱情，切忌冷冰冰、不耐煩。

眉角三：要清楚旅館當天所有活動、有什麼婚宴、哪裡在整修、哪位主管休假……等等。客人來電詢問時，不能回答：「請等一下，我查一下是哪一廳」，這是不及格的總機。

總機該知道的外部訊息，都要清楚掌握，才可以快速回覆客人需求，例如，去哪裡該怎麼走、附近哪裡有便利商店、旅館內的咖啡廳幾點開、打烊……。總機甚至可以加入獨家情報、一點個人偏好或一些小撇步，例如幾點去某家特色小吃可以避開人潮，某家店的哪一種紅茶是必點的招牌，或是告訴客人你的私房景點或最愛咖啡廳等等，都會讓客人覺得窩心。

這麼看來，總機眞是好偉大，做了很多額外的工作，而且做得好開心、很

樂意，每天晚上都會面帶微笑入睡。

維持旅館硬體好品質的撇步

說到鬧鐘，旅館住房內的鬧鐘品質特別重要，不能有滴答滴答的聲音，連秒針動的聲音都不能有，免得吵到淺眠客人。旅館的鬧鐘不會優先選用電子鐘，因為數字顯示會跑掉，而是以有夜間照明的指針鬧鐘優先。

旅館的鬧鐘是期限一到，全部換上新電池，裝上電池時，要先預計可用多久，做成紀錄，更換期到了，不論是否還有餘電，一律全部換新，免得耽誤到客人的行程，引起抱怨。

換燈泡、燈管也是同樣，時間到了全部換新，舊燈管會拿到員工活動區域繼續使用，不會立刻丟棄。

這些耗材都有批貨號、更換紀錄，時間到了全部換新。我在美國工作的旅館有人專門洗窗，從年頭洗到年尾，有人專門換燈泡叫lightman。臨時故障的當然會換，時間到了，不管其中新舊的差別，也一概全部換新。

此外，開會時最怕麥克風電力不足，發出尖銳聲音，所以每次客人開會或辦活動要用到麥克風時，一律換上新電池，舊電池換由內部開會用。

另外，旅館的衛生紙用到剩二指厚時，也要換下來，不能再給客人用。剩下的，就拿到員工廁所用，才不致浪費資源。

現在有些旅館會一個房間提供兩種顏色的牙刷，免得同住一房的夫妻或旅伴搞混。這些做法沒辦法有標準化作業，要靠個別旅館自己思考、創新，想出更貼心、讓客人更方便的做法。

冰箱自然是每個房間的配置，但運作時噪音很大，壓縮機會發出嗡嗡聲，停下來前還會「達、達、達」地響。所以旅館應使用無壓縮機、無噪音的特製冰箱，但價錢貴，台灣大概八成的旅館業主捨不得投資。就是因為這樣，南部某家旅館甫開幕就傳鬧鬼，一調查之下，原來是冰箱的噪音在搞「鬼」！有些旅館則在冰箱上加開關，讓客人睡覺前關掉，這是不合常理的，因為冰箱裡面的食物或藥品可能會變質，實在是因噎廢食。

14 櫃檯人員

表現九十五分才及格

前頁圖爲香格里拉台北遠東國際大飯店櫃檯人員吳葳樺。
場地／香格里拉台北遠東國際大飯店
攝影／李明宜

櫃檯人員

職務亮點：冰雪聰明、英俊瀟灑，親切體貼。

工作內容：爲客人辦理入住手續，適切地問候客人。依據訂房部的「旅客到達名單」預做好客人入住前的準備工作，尤其是有特殊需求的客人；「照單全收」客人打電話到櫃檯的任何需求。

工作時間：輪三班制。

櫃檯人員或稱接待員（receptionist）或前台人員（front desk clerk）或客人服務人員（guest service agent，縮寫爲GSA），也有些旅館叫迎賓人員（greeter）。總而言之，就是第一個跟客人有深度接觸的旅館服務人員，大多數客人會依據這第一印象，評量一家旅館的好壞。

雖然，客人入住旅館或到旅館用餐，可能會先上網站訂房，或打電話訂席而和總機有接觸。客人抵達旅館時也可能由門衛或行李員率先服務客人，但是，客人眞正跟旅館服務人員有實質接觸、談話、登記手續的，卻是前台接待員，因爲客人住房時一定會有一張書面表格讓客人塡寫簽字，才算完成入住程序。

既然前台接待員是客人的主要觀感來源，他們的表現也因此常被放大檢視，例如，英文怎麼這麼爛、怎麼這麼驕傲、眼睛不看我……。這是一個高難度的工作，既要有語言能力，又要細心、貼心，既要英俊、甜美，又不能讓客人對你有遐想，想跟你約會。

不必每一位都是俊男美女

俊男美女雖然是接待員的加分項目，但是一家旅館若有十位接待員，只要有一、兩位俊男美女就可以，否則會帶來管理上的困擾。例如，可能工作一年半載就被挖角或被追走，或是工作中一直會有人找她聊天，主管簡報時也老盯著美女看，他或她就會被同事孤立了，所以，另外八位接待員只要耐看、清秀，讓人看了舒服、順眼就好。

接待員要有多國語言的能力，英語是最基本的，其他語言至少要會簡單問候語，對客人先用其母語問候，再轉而用英語解說，客人就會覺得你把他放在心上。另外還有許多小門道，碰到大陸客人，不要劈頭就說「早上好」，應該先說「早安！」再接著用「早上好！」問候，因爲大陸籍客人來到台灣，就是想體驗正港台灣味，所以先說「早安」讓客人體會台灣的服務，再說「早上好」，表示「我尊重您是來自大陸的客人」，這樣才夠親切。

曾因轉機在底特律機場，機場空橋進到機場大廳的指示標誌，如提領行李、過境、入境……，都可以看到以中文或日文、西班牙文、阿拉伯文等多國文字呈現的指標，隨著抵達班機的出發國不同，轉牌就會轉出適當的語文。而旅館櫃檯人員除了要以適當的歡迎語問候旅客外，對客人來此的目的也要多少掌握，如旅遊或商務、社交、追星……，甚至海外華僑客人來自哪一個國家，都要知道。其實客人的姓氏就可以透露訊息，例如陳的拼音有Chen（台灣）、Chan（香港）、Tan（東南亞諸國），Ng則可能是香港的吳或新加坡的黃，接待員若懂得辨識，就可以用該國的方言問候語，拉近彼此的距離，消除陌生感。

冰雪聰明反應機靈

人們到旅館的動機千百種，不見得都是輕鬆度假，服務人員有時候無意中也可以救人命。我在台中工作時，就「事後」收到一位客人的來信，是一位失婚的單親媽媽，感謝我們熱情款待，讓她打消帶一雙兒女自殺的念頭。原來這位女士剛離婚，哭哭啼啼地開車帶著幼兒到台中，打算共赴黃泉。住進當時我服務的旅館時，適逢過年，旅館邀請她們和其他房客以及服務人員一起守歲，讓她感受到社會溫暖，因此打消了攜兒輕生的念頭。

前台接待員除了要冰雪聰明，也要能慧眼識客人，看出某些「問題客人」。不必像日本推理小說《假面飯店》中會分辨潛在罪犯的警察，而是能看出客人的異狀，以預防可能的不幸事件。我就曾碰過有位老先生用假身分證登記住進旅館，企圖自殺。其實這種客人在前台就應該被「擋」下來，因爲老先生拿的是影印的身分證，機靈的接待員就該技巧地拒絕他。

不過任何處置都不能做得過火，曾有報導說，某家旅館碰過年輕媽媽帶著小孩住旅館自殺，從此該旅館就將「帶小孩單獨入住的年輕媽媽」設定爲拒收客人，結果被正常的客人以歧視爲由投訴到媒體，這種旅館不只愚蠢，更等於把客人貼上標籤，實在要不得。所以前台接待員要有機靈的讀人、識人能力才行。

眼神隨時對著客人

我們在前文提過，總經理會站在旅館大廳、櫃檯附近的任督二脈位置，因爲那是最能夠掌握狀況的制高點。而客人不論是從電梯出來要去用早餐，或是用過早餐要到前台換個零錢或詢問事情，都會朝櫃檯的方向看，值班人員可能就是前一天幫客人辦理入住手續的接待員，客人會往櫃檯看，是期待和服務員眼神交會、打招呼，接待員就不可以讓客人失望。

但是台灣大多數櫃檯接待員，往往埋頭工作，沒有養成「聽到腳步聲就抬頭打招呼」的習慣，所以儘管客人多次在自己面前來來回回經過、進出，渴望眼神交會，卻總是讓客人失望。

一家旅館的好壞其實不用入住，只要經過櫃檯時，接待員有無抬頭打招呼，就可以見分曉。我曾經多次去高雄某家飯店，很清楚那裡的櫃檯人員沒有養成「迎合客人期待眼神」的習慣，有一次去那家飯店演講，就特意和其主管提起。這位前台經理很不服氣，於是我和這位經理分別走過櫃檯，看看接待員有無抬頭露出笑容。實驗證明員工是「選擇性」抬頭微笑，因爲他們很熟悉主管的腳步聲及身影，所以會抬頭，卻不會注意到其他客人的動靜、眼神。

在訓練櫃檯人員時要特別提醒，只要聽到腳步聲靠近，就要稍微抬起頭看一下，不要等到客人出聲說「excuse me」，才抬起頭來，並且要知道自己「抬頭微笑」的對象不只有住房客人，對餐飲客人、參加喜宴的客人，都要一視同仁。

多年前我住進香港麗晶，兩天後剛好港島香格里拉飯店新開幕打對折，就換了過去。櫃檯小姐帶我去房間，並說明了二十分鐘之久，眞是百分百到位。我梳洗後下到大廳準備外出，碰到剛剛做說明的那位小姐正站在大廳中間，兩

旅館的前台

以立式居多，就是大多數旅館最常見的長條式櫃檯，有些比較小型的旅館會設有咖啡座式的座位式櫃檯，不要讓客人在長途跋涉之後，還要站在櫃檯辦理入住手續，但缺點是等候報到的客人會沒有地方坐，也無法排隊。近來出現了改良式的島式櫃檯，原則上櫃檯還是一長條，但是中間有缺口，分隔成好幾個小島。這種島式櫃檯的好處是服務人員機動性比較強，有需要隨時可以從櫃檯出來服務客人。

人相望，但她臉上卻完全沒有表情，讓我失望又納悶。那個時段只有我一個人前來入住，不管那位櫃檯小姐對我是沒有記憶或刻意忽略，都很失禮。

事先掌握客人需求

櫃檯接待給客人的第一印象要熱情，但更重要的，是客人入住前就要做好準備工作，接待員在房務部通知房間準備好了之後，就要審視「旅客到達名單」，注意到有預排（依照客人的特殊住房需求，而預先排給客人某間房）或block（「預先排除」，就是依照客人特殊需求，預先註明需要避開的房間）或高樓層、靠電梯等特殊需求，就要先到房間確認一下。

審視過「旅客到達名單」後，接著掌握客人什麼時間會入住，透過名單上備註的客人班機抵達時間，就可以估算出客人什麼時候會check in，這就是有準備的櫃檯接待員。其實「旅客到達名單」上有許多情報，如有多少位本地客人、多少男客女客、幾組家庭客人、各自姓什麼……等等，熟悉這些情報，就能夠較正確地迎接客人。

櫃檯每天都要有一位資深人員，負責在前一天晚上把訂房資料全部審視過一次，並排好房間，可能會忙到晚上十一點才下班，同樣這位員工隔天早上七點鐘就要來上早班，因爲房間是他排的，當天他就可以順著房務組報過來的房間狀況，爲入住的客人做最好的安排。

也因此有些旅館會安排宿舍給員工，在輪值時可以過夜，這樣上第二天的早班才不會太吃力、太累，才能提供無接縫的服務。現在除了少數幾家旅館外，大多數旅館都是電腦排房間。客人到了若發覺給錯房間，就道歉相對，眞是不用心、不貼心。有準備、有用心的旅館，甚至會準備印了客人名字的專用名片，專用信封、信紙，事先放在客房內，客人進了房間看到就會很驚喜。

最好的準備工作更要預先做好客人的特殊要求。我接待過多位國際知名聲樂家，通常他們的要求就是房間要開窗戶，因爲聲樂家的金喉嚨碰到室內冷氣就完蛋了，就會失音。但現在旅館的窗戶都是密閉式，要開窗就要切掉矽膠，

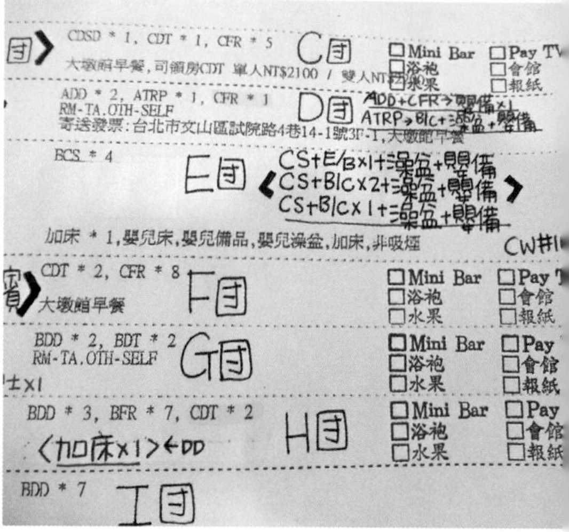

「旅客到達名單」和「檔案資料」是旅館事先掌握客人需求的兩大利器。檔案資料也就是記載客人習性的記錄卡。

窗戶才推得出去。這項特別的「工程」要事先做好，不要等到客人進來才作業。

接待人員早上排好房間後，對於有特別要求的客房，就要上去檢查是不是已準備好。最常遇到的要求是「鎖定」房間，例如只住「○二」的房號、非吸菸房、要遠離電梯……等等不一而足。

由於實際排房間的是前台人員，所以除了安排房間、注意老客人的習性、不要超賣之外，還要做點促銷，設法讓客人改住較高等的套房。假如客人行李很多或有人跟來，接待員就知道這是重要人物，可以趁機問要不要住大一點的套房。

第一時間解決客人需求

客人在旅館若碰到狀況或有特殊需求，都會打電話到櫃檯。不論客人的需求是什麼，櫃檯人員統統要照單全收，不能說：「你去找room service」、「morning call請你打電話給總機」、「請你去找健身中心的人」。客人要求送上咖啡，就要問幾人份等細節然後傳遞給room service，不該要求客人再撥另一個電話。所以前台人員必須懂得客房作業、餐飲作業，才能正確傳遞客人的需求。

碰到提出不合理要求的客人，如以各種理由要求換房間，換不到房間就一直刁難想占便宜，這時櫃檯人員除了說明清楚外，更要有判斷力。但確實會有客人對氣味、光線、噪音甚至「阿飄」特別敏感，那就要在客戶資料卡上特別註記下來。

旅館也會有不受歡迎客人的黑名單（black list），可能是前帳未還、拖帳很久或各種惡行惡狀開派對吵到別人、偷東西、酒醉吐了一地、叫色情服務、騷擾員工等。旅館一定是經過很慘痛的經驗才會把客人列入黑名單，總經理就會對此客人表示：「我們旅館無法滿足你的要求，請你住到別處，下次請不要再住我們這邊。」這是總經理要做的痛苦決定。

我就曾經請走一位客人，這位美國籍客人一入住就處處都嫌棄，甚至騷擾服務人員，他被趕走後，每天早上還是回來吃早餐，因為其他同事都住亞都，時間長達四年，他每天回來吃早餐時都用渴望的眼神看著我。到了第五年，這位客人請主管向我求情，說他已經結婚且為人父，不會再搗蛋，並以人格保證，還寫了切結書，我才讓他回來住宿。

驕傲的人不適合做接待

前台接待員是初階職務，但也是黃埔軍校正科班生，升遷機會最大。這些冰雪聰明的天之驕子也要知道，是其他同仁在背後支援，才能造就自己的好服務，所以不能驕傲。

我的經營理念是，大家認爲重要的職位固然重要，大家認爲不重要的職位更重要、更要做好，才能凸顯公司好在哪裡。不論是君悅、香格里拉……等五星級旅館，櫃檯人員統統是長得最漂亮、最體面、學歷最高的員工，各家旅館的櫃檯人員也都要達到九十五分，才算及格，彼此之間競爭激烈，卻也差異不大。然而行李員、公清人員等不受注目的服務人員，如果能做到讓客人驚豔，那才是旅館的秘密武器，眞正決定旅館的成功與否。

我在美國念書時期的老師，是美國某連鎖旅館的退休副總裁，退休前管理該連鎖旅館在南美洲共三十幾家旅館。老師曾受觀光局之邀來台灣當神秘客，那時我是亞都客房部協理，在亞都大廳看到他，吃驚地上前打招呼。我永遠記得他的話：「當你貴爲總經理時，你就好像神一樣，客人聽你的、員工聽你的，你以爲自己潘安再世。可是你要記得自己是平凡人，有一天不是總經理時，你和街上走的任何一個人都一樣。」這是二十五年前的事。這位老師教導謙虛，讓我一輩子都受用。

所以驕傲的人絕對不能成爲櫃檯接待員，因爲這種自恃容貌和學識的人，會瞧不起客人。以前亞都有一位通六國語言的前台接待員，她是韓國華僑，會國、英、韓、日、法、義六國語言，原本是不可多得的人才，但是太過自傲，碰到講台語的客人就叫別的同事接待，自己甩頭就走、理都不理人。這位員工後來就被請走了。

記得，當客人結帳時，一定要表達感激，因爲我們的薪水是客人消費而來的，所以「因爲有您，我們公司才能生存」這句話雖然不用講出來，但一定要讓客人感受到。要主動問候客人：「住得好嗎？」「有沒有什麼建議？」「等一下去那裡？」「有沒有車送？」且不能因爲客人要離開了，服務就縮水。

要自客人踏入旅館那一刻，直到離店出門的剎那，都不可中斷心存感激和關懷之意，才是讓客人感動的服務。

辨識客人很重要

來往旅館的人，形形色色，前台接待員要有辨識客人的能力，例如可能會有問題的人、可能會惹麻煩的人，大哥、色情女郎……，前台接待員都要能辨識出來，才能事先排除。

我記得有一次亞都接到一位沒有要求打折、一住就是兩個星期的長期客人。那是香港來的女性，很漂亮、有一點風塵味，她從君悅飯店轉過來，入住時提了兩個大皮箱之外，隨後又有小貨車運來一個個塑膠抽屜櫃，裡面有許多小瓶子。

當下我覺得這位美麗的女客人雖然有點不尋常，但也沒什麼令人起疑之處。然而，她住進來第二天，我剛好看到媒體報導她是一位心靈治療師，但其實就是另類的色情工作者，我把報導攤在她面前，她無話可說立刻搬走。

其實，入住旅館房間當辦公室做生意或洽談公事，並不犯法，但是入住條件就不一樣，並且要事先告知。旅館方面就會先將床移走，也要事先告知總機、門衛、安全人員等相關工作人員。因為這些房間可能會電話很多，進出的人也多，旅館通常會撥靠近電梯的房間給客人。

前台人員要有能力判斷前來詢問的人，是不是旅館要的客人，也要有隨機應變的能力，不能一招半式面對所有客人。畢竟上述香港女郎這種案例還是屬於極端例子，大概接待了五千個客人，才會碰到一位。

15

千里眼與順風耳——安全和公關人員

安全和公關人員

職務亮點：眼觀四面，耳聽八方。

工作內容：安全人員要負責旅館的棘手問題，如黑道犯案、員工手腳不乾淨、客人自殺等，最常碰到的是色情和失竊，並要和消防隊、警察、政府主管單位保持良好關係。

公關人員要和媒體建立良好關係，深諳不同媒體性質，並善用媒體來行銷；和總經理一起擔任旅館的主人角色，一起出席重要場合，負責旅館的各種文宣及企業形象相關事務，並處理外來的抱怨。

工作時間：上午九點到下午五點。

以飯店爲背景的書、電影、電視影集很多，日本推理作家協會理事長東野圭吾二〇〇一年的大作《假面飯店》，敘述的就是日本警方爲抓連續殺人犯，潛入東京五星級大飯店，假扮工作人員的故事。書中有許多與旅館有關的各種情節，對旅館的服務精神寫得很到位。

在我的旅館人生涯中，還沒碰過需要「協助警察辦案」的事。倒是我在美

前頁圖爲台北亞都麗緻大飯店安全人員陳賴志。
場地／台北亞都麗緻大飯店
攝影／石吉弘

國工作的旅館，碰過黑道開房間分屍。在台灣雖沒遇過這麼驚悚的事，卻經常會遇上「住進旅館自殺」註。

安全人員的挑戰：色情和失竊

不論黑道犯案、員工手腳不乾淨、客人自殺等，在旅館都歸屬於安全人員的工作範疇。安全人員的工作中，最棘手的還是色情和失竊。

以色情爲例，男人一離家外出就會變野獸，「播種」的天性便出現，因此如果是國際型旅館，皮條客特別活躍，有時還會發生因語言不通、價格沒談好、客人要S&M、女生卻不配合等等紛爭，吵鬧聲就會趕走其他客人。皮條客可能會送女人讓客人選，一個不行再換另一個，那個房間便會經常有許多人進進出出，打擾到旁邊的住客，失竊和治安問題也會隨之而來。

嫖妓是男人的原罪，所以如果遇到單身男客入住，旅館也只能給他預警，透過道德勸說規勸。在技巧上，會在每次帶女人進來時請客人登記，客人覺得麻煩，就會收斂一點，如此才能漸漸把情色擋在外面。擋駕，這個步驟很重要，不然除了皮條客會逐步入侵外，也會有女人跑來旅館酒吧釣客人，這時旅館服務人員可以一直站在她旁邊施壓，讓她知難而退。

旅館裡，各式各樣的客人都有，形形色色的事情都會發生。我就碰過客

到旅館自殺的五大理由

包括過去有住過該家旅館的淵源、想在自殺前豪華一下、不想連累家人、想要藉由自殺找旅館的麻煩、不是真的想自殺，所以住旅館自殺，卻要求第二天要morning call。

人check out之後，太太來詢問老公有無「叫女人」，並要求看錄影帶求證。也碰過客人黃湯下肚就亂性，想要侵犯自己的女客人，結果女客人機警，推說「辦事」前要先淋浴，藉機全身赤裸地逃出來。更曾有客人一入住就問「哪裡可以找女人？」在得知旅館不提供此項服務之後，竟反問：「那哪裡可以找男人？」

另一個安全室的工作重點，是處理客人的財物失竊問題。旅館若動不動就報案，會在警察局留下不良紀錄，讓警方覺得這家旅館很麻煩。所以若發生客人失竊，通常會先徵求客人同意，進行內部調查，並陪著客人找一次，若真的找不到失物，再去警察局備案。更不幸的是，也有找了半天的結果，是員工自己當小偷的，這這種事只要發生過一次，便會很麻煩。

另一種偷竊是保險箱失竊，不是客人房中的小保險箱，而是旅館櫃檯讓客人寄放較大型物品的保險櫃。其運作方式和銀行完全一樣，必須客人持有鑰匙，再加上旅館的鑰匙，才能夠打開。

會發生這種失竊問題，就是有素質不良的員工，找機會複製客人鑰匙，連同旅館原有的鑰匙打開偷竊。比較保險的方式是，客人的東西要密封在一個大信封裡，簽名封緘後，才放進保險箱。我曾經和同業到紐約推廣台灣旅遊，當時住在Panda Hotel，同行的人將相機寄放櫃檯保險箱，退房時相機安全拿回，可是上車離開後一看，重量、形狀都一樣，但裡面的相機卻被換成磚塊。這就是管理不好的旅館會發生的事。

要避免旅館發生失竊等傷害信譽的事，靜態的方法要靠監視器，重要的區塊都要有監視系統，如停車場、櫃檯、走廊等。動態的做法就是巡邏，尤其是在夜晚，要檢查看看廚房的火有沒有確實關掉、冷凍庫或冷藏庫有無確實關好、安全門是否確實緊閉。此外，也要巡邏所有樓層，看看有無可疑味道、物品、人物或異樣聲音。

旅館保護客人的機制

其實旅館都有保護客人安全的機制，這也是員工訓練的重點項目。比如，前台接待員或行李員，都不可以說出客人房號，因為在大廳這種人來人往的地方，身邊可能就有歹徒伺機而動。

歹徒會在客人出門後過個十分鐘，前往櫃檯說出房號，拿了鑰匙大搖大擺進去偷東西，這是旅館天天都在發生的事，所以服務人員永遠不能在公眾場合講出客人名字或房號，不管接電話或叫名字都一樣。若叫客人的名字，也要在當事人聽得到的範圍，不可高聲呼喚。若有人到櫃檯要拿某房間鑰匙，也要不著痕跡地確認是否為住客本人，否則可以用假名字考驗自稱是客人的人。

服務人員要特別注意可疑人物，例如一直坐在旁邊、眼睛賊來賊去打轉的，或是在一旁佯裝辦事，其實在偷聽客人講話。如果發現可疑人物，旅館安全人員就會盯著他看，把賊嚇跑。好的旅館不論是制度或員工，警覺性都要高，有故意讓人可以看到的監視器，這是要達到示警作用，也有隱藏式的，是眞正監視用的。除了隱藏和公開的監視器外，房間內還會張貼警示標語提醒住客，例如房門一定要反鎖、附近治安不太好、在旅館裡打室內電話不要說出房號等等。

此外，從外面打進來的電話，也一定要過濾。過了晚上十二點，房間與房間對打的電話，也一定會經過總機轉接，除了讓客人不會受到干擾外，也有過濾的用意。旅館的錄影內容更要保存一定時間，員工能記住客人名字和相貌，也是一種保護客人的機制。

安全人員平常在大廳、停車場公共區域巡邏，負責保安工作，同時也肩負服務任務，客人在公共區域看見你，不會管你是哪個部門，會問你種種問題，所以安全人員也要熟記旅館的每日活動，好回答客人。

飯店公關要先搞定媒體

飯店的安全人員也要負責公關，只是公關的對象不同，他要負責和消防隊、警察、政府人員保持良好關係，所以安全室主管常是軍警退休人員。但是，旅館的正規公關工作，還是有專責的公關室負責。

所謂公關是指處理和外界、公衆的關係，以及彼此互動。其實飯店最早並沒有公關職務，但因爲接觸對象太多、太複雜了，從街坊鄰居、記者媒體、廣告對象到重要貴賓，爲配合公司需求，後來才找專人專職經營公關事務。

公關人員最重要的事，就是和媒體建立良好關係。對旅館而言，媒體是「成也蕭何，敗也蕭何」。記者的筆觸若慈悲一點，就會產生很大影響。例如「昨天晚上某某飯店有人跳樓自殺」，路名可以不用寫，這是關係好的，若關係不好，就可以寫成「某某路幾段某家星級旅館」，這麼一來，大家不用猜也知道是哪家飯店了。

公關手上的媒體名單，除了基本聯絡資料外，還要有各種小註記載明記者的偏好、路線劃分等等。各家媒體主跑路線的劃分方式都不一樣，公關要搞清楚。不然，如果你發新聞稿的對象不出現，不但消息無法見報，更會得罪記者。所以公關要非常精明，了解媒體生態、分類，以及個別記者的喜怒哀樂或偏好，哪些人就是貪小便宜，哪些人你給他小禮物他還不喜歡。

傳統的平面和電子媒體之外，公關也要監看網路媒體，要去「掃」所有FB、部落格、BBS，注意對公司的批評。所有網路上的關鍵字都要去看，過濾老新聞之外，更要善用雲端或網路科技，讓使用者可以轉貼你的廣宣文章。

其實，如果是能夠掌握社群形態，善用科技和常客互動，還能帶動新客群。例如利用在網路粉絲頁帶動客人，有些休閒飯店就很會利用常客的小孩，透過小孩「帶」爸媽來飯店。所以公關也要負責網頁設計和資料更新，要經常更新、回答客人留言或問題等。

處理抱怨的技巧

我常去學校演講，許多即將出校門的年輕人，很嚮往調酒師和公關人員的工作，殊不知公關不是穿得漂亮、跟名人握手而已，反而是十八般武藝都要懂：要長得漂亮、會講話、機靈、外語能力要好。

時下許多年輕人多半沒看到這一層面，因爲公關一現身都是光鮮亮麗，殊不知公關人員可能在自己的辦公室都是脫掉高跟鞋、腳蹺在桌上休息，一有需要就立刻跳起來笑臉迎人。這是個不簡單的工作，公關要資深，但外表不能太老派或長得太油；要會講場面話，但又不能油腔滑調，要誠懇、有深度才行。所以旅館的總經理會換人做，但公關不常換人。

公關的績效之一是高「見報率」，記者會的第二天，有多少家媒體刊登？登在哪一版？登多大篇幅？都可以拿來評估。所以公關一早要看多份報紙並且剪報：和自家旅館有關的、和產業有關的、和競爭對手有關的、和重要客戶或潛在客戶有關的，統統要做成剪報留下紀錄，還要拿給總經理和相關主管查看。總經理透過公關的剪報得知主要客戶新總經理上任，可能得送花圈或親訪。公關有如總經理的眼線，會幫忙注意產業、競爭者或客戶動態，絕對不是花瓶。

公關人員對媒體要友善，例如熟識的記者帶朋友來，就可以招待點小東西，甚至請客，此舉不是在賄賂，而是善盡主人之道，因爲記者不是爲了工作而來。我們也會宴請媒體人，台中找特派員，台北找主任、總編輯，不是只照顧到線上記者，其他線如社會線等也要在平常便關照，免得有非旅館線的新聞時，難以處理。媒體記者形形色色，有些人要好處或貪小便宜，是公關人員最頭痛的，也有所謂「白吃客」（freeloader），專門打聽有記者會來免費吃喝的。公關表面上對每個人都要公平，但心裡要很清楚識別眞正專業、認眞的記者。

公關還要負責所有海報、印刷品、廣告稿，CIS、字體、大小事務，有人借旅館空間展覽也是公關負責，只要是和異業產生合作關係，都由公關出面。和報紙交換廣告，或是公司有重要儀式，公關也要負責籌備。還要負責飯店自己的記者會，準備資料，安排記者。

處理抱怨，更是公關部的大事，公關人員必須代表公司出面說明或負責回信、慰問，有時碰到客人滑倒或食物中毒住院這類較嚴重事件，總經理無法天天去探望客人，公關就得代勞。

公關也要接待貴賓，並先行和對方接洽注意事項、偏好、行程安排、何時在禮金簿上簽名等等細節。VIP從入住到離開，公關人員幾乎都要隨時待命，因爲媒體會採訪，歌迷、粉絲也會出現。美食節若找來米其林主廚，須由公關規畫宣傳活動，帶主廚上電視接受訪問等等。所以公關必須有年度計畫跟餐飲部主管討論，也要配合做媒體規畫，他要將整個活動的特色找出來、包裝好，並推銷出去，找出合適的宣傳方式。

公關更要協助其他部門，照顧好重要客戶。我在亞都飯店時會辦總經理晚宴或一年一度的秘書節宴會，都是由客房部提供名單，公關經理負責聯繫。在

旅館形象的設定、執行都由公關主導。圖爲香港文華酒店的兩張形象廣告。由於文華酒店的CIS爲一面中國扇，扇的英文爲fan，所以該酒店的形象廣告找來張曼玉、貝聿銘等名人代言，廣告詞爲She（He）is a fan。因爲fan這個字有扇和粉絲兩層語意。

這些宴會場合，如果說總經理是男主人，公關就是女主人，要能夠協助總經理把重要的晚宴辦好。

此外，跟客人之間的溝通，如今天旅館需要洗窗、要維修，這種通知函碰到要寫英文時，就會由公關部的英文文案人員負責。嚴長壽總裁在亞都飯店時，還有專門寫毛筆字的師爺，也有幾名英文文案人員。我的英文秘書外號「小鋼炮」，還曾爲了我和客人吵架；我若改她的英文，她也會跟我吵呢！

每個旅館人都是行銷人員

有句話說「每個人都是行銷人員」，每個人都要爲公司的業務做行銷，不光靠業務和行銷人員工作。我剛進亞都做儲備人才時，被考驗英文能力，當時被要求翻譯的文章就是〈大家來想草莓〉（Think Strawberry），講的是一九六八年時美國紐約一家旅館叫廣場飯店（Plaza Hotel），是蔣經國被刺事件的旅館，在曼哈頓上第五街和中央公園大道（Central Park Avenue）交接的轉角，是座法國古堡式建築。

這家旅館在一九六八年時已有六、七十年的歷史，經營走下坡，於是請來一位新總經理，他爲了讓大家動起來，打出「大家來想草莓」這個口號。結果激發出草莓季、草莓蛋糕、草莓果汁、草莓雞尾酒等各種以草莓爲主題的行銷

公關心中應有一把尺

外人可能會覺得做公關的人很圓滑、八面玲瓏，但這些人心中都要有一把尺，為了搶生意造謠中傷同業就是不該有的作為。例如台北某家星級旅館就曾發生過「阻止一一九進旅館救人」這種事，這時若記者要其他旅館的公關，以同業立場發表意見，就要明確說：「在這個關頭，我們不方便表示任何意見……。」或說一些場面話就好，絕對不要認為逮到機會了，可以落井下石，把競爭對手搞倒，說不定反而會讓自己做不下去。因為當記者知道你是這樣的心態，也會開始挖你的問題，其他同業也會找機會反擊。

企畫案。讓大家知道，再也不是餐廳的人才在賣食物，行李員、櫃檯人員都要賣草莓，形成員工共識，知道一個公司的希望、業績的成長，不只是業務的責任，而是大家一起參與，就這樣藉由賣草莓凝聚共識，也讓旅館再生。

旅館內的工作可以延續這個精神，每個人都是行銷人員、公關、服務人員、觀光大使……。前台人員不只做客人的check-in、check-out，也可以介紹產品，不只對客人行銷，也可以服務。所以旅館的每位工作人員都要有跨領域的心態。

16 優秀員工製造機——人資主管

人資主管

職務亮點：眞正競爭始於尋才、育才、培才、留才。

工作內容：爲旅館人才招募把關，規畫員工福利，做好人力成本控制。爲旅館找對人、擺對位置，並做教育訓練。

工作時間：上午九點到下午五點。

在我當上亞都飯店總經理前，曾擔任客房部主管，做得十分上手，有一天卻被嚴長壽總裁調到人力資源部當經理，帶領的員工一下子從八十人縮到八個人，當眞有從天下第一大部下放到冷宮的感覺。同事私下都覺得我完蛋了，我也以爲自己一定是做錯了事，才會遭受如此待遇。

後來嚴總裁向我解釋，人資主管必須爲人才招募把關、照顧員工福利、幫老闆做好人力成本控管，是很重要的職位，也是晉升高階主管前很好的訓練。

結果那一年我做得非常、非常快樂，被「打入冷宮」，卻意外開發了自己的潛能，連觀念也改變了。我不再以爲只有第一線工作才重要，並體認到人資

場地／台北亞都麗緻大飯店
攝影／石吉弘

主管的工作使命和重要性，因爲主管要在乎員工，員工才會在乎客人。

凱撒・麗池[註]曾說：「旅館是由石頭和人組成的。」（**A hotel is made by men and stone.**）這句話點明了旅館不只要門面富麗堂皇，硬體設施夠水準，也需要有優秀的人才。老闆找建築師把旅館蓋得漂漂亮亮，砸大錢弄好硬體設施，但如果沒有優質的服務人員來營運，沒有微笑、沒有招呼、沒有溫馨的感覺，一切都沒有用。

首要任務找對人、擺對位置

人，是旅館的關鍵元素，旅館要找的員工必須是熱情、主動、專業、夠細膩、有品味、會察言觀色的人；他不能把「利」看得太重，不管是接待富二代或小人物，都能夠一視同仁提供服務。

「人」是旅館的核心，因此人資主管的重點工作就在：找對人、將人擺對位置、訓練人，還要能激勵、開發同仁潛能，更要有辦法留住好的人才。

和「找到具備主動、細膩、不勢利特質的旅館人」比起來，「提供專業能力訓練」這項工作相對簡單多，因爲一個人的價值觀很難改變，所以「看人、選才」就成了人資主管的首要任務。英文有句話說：「Garbage in, garbage out！」台灣也有句話：「請神容易，送神難！」找了錯的人進來，不論是要訓

註：凱撒・麗池（César Ritz，一八五〇-一九一八）有「飯店業之王」（king of hoteliers）和「服務君王的飯店業者」（hotelier to kings）之稱，年輕時被譽為最優秀的「侍者」（garçon）。他夢想成立屬於自己的王國——一個卓越的地方，讓來自世界各地的旅客都能有賓至如歸的感受。他的夢想終於在一八九八年六月一日實現了，凱撒・麗池以自己的姓創立了一間享譽全球的飯店——巴黎麗池酒店（Ritz Paris），位於藝術之都，「Ritz」代表著雅緻與奢華；英文字「ritzy」（時尚昂貴之意）就是由他的名字及飯店衍生而來。巴黎麗池酒店百餘年來，一直都是巴黎、歐洲，乃至全世界藝術家與上流社會菁英的匯集之地。

練他或改變他，都很辛苦。所以找對人，是人資主管的首要工作。

我在面試未來員工時，最喜歡問一句話：「你爲什麼來我們旅館應徵？」我心中的標準答案很感性，例如：我小時候每天放學都會經過這裡，那時候這裡只是一塊空地；等我大學畢業後再經過這裡時，空地竟然已經變身爲光鮮亮麗的旅館，許多人進進出出；所以我就夢想要來這裡工作。

我最怕聽到的答案是：我喜歡跟外國人在一起、在這裡可以學到外語。難道旅館是語文學校嗎？這種應徵者只是很本位思考地「樂其樂」、「利其利」，不會是理想的旅館員工。反之，我會讚賞的是：我去住某某旅館時，看到櫃檯人員熱心服務客人的情形，很讓我感動，讓我也想要成爲這種人。這才是有服務熱情的人，這種人也會事先檢視自己是否適合這個行業才來應徵。

人資主管第二個重點在把人才放對工作位置，也就是具有看到一塊石頭就知道裡面是和氏璧？還是經過琢磨就會發亮的鑽石？或是耐操、耐磨、耐用的鐵塊？是個被操到死也不會離職的人，或是位有創意的人才？所以人資主管的識人能力，很難卻很重要，他甚至要有能力面試出未來的總經理，或預見員工未開發的才華或潛力。

例如，新人原本要應徵櫃檯工作，人資主管卻能看出他具有公關經理的潛力。或是在了解新人特質後，當下規畫她將來可以退居後勤，轉換到人資部工作。甚至，面試時就預見此人將來會碰到的工作瓶頸。有時找新人進來時，其實已預設三年後這個人就會離職，所以人資主管心裡都要有所盤算。

人才培育中，有一環是為旅館未來發展儲備人才，這是比較長期的策略，這些人可能沒經驗卻有潛力，必須對自己即將投入的產業有熱忱、有認同。儲備人員進公司後，還不會派到特定部門工作，而是進入一個長達一年到一年半的培訓期。他們會被安排到各部門「輪調」學習，每個部門都去待上一陣子，短則兩、三天或一星期，長則兩個月，視該部門的技能需求而定，目的在了解整個旅館的運作機制與體驗各部門職責。在每一個部門結束訓練後，就要向人資主管報告心得，每個月還要跟總經理面談一次，內容包括去了哪些部門、學到什麼、有什麼心得、有什麼建議或意見、看法；總經理也會預先提示接下來的學習要注意什麼，或根據各部門主管對該新人的觀察意見，回饋給儲備幹部。

旅館對儲備幹部的這種培訓是用心、花大錢，短期卻沒什麼產值，就是期待新人受訓後能成為旅館很好用的人才。通常從招募進來到走完整個培訓期，十個人中往往只剩一、兩個留下來。儲備人才計畫施行過程中難免出現質疑的聲音：公司投入那麼多培訓資源，這些人會不會最後還是離開了？會不會找錯人了？成效究竟怎麼樣？我的答案是：培訓好的人才離開或找錯人的情形，難免會發生，但這是企業一定要做的事，眼光一定要放遠。另外，儲備人才也可以從內部招募，受訓後回到原單位，能為整個部門提升服務水準。

挖角來的，也會被挖走

近四、五年來，台灣旅館業雖然景氣和營運狀況都很好，但是經營者對人才培育的投資還是很小氣，薪水也不見提升，關鍵就在於經營者的態度。但另一方面也是因爲學校旅館餐飲相關科系的畢業生越來越多，很多人想擠進旅館業工作，造成入門職務人才供過於求。

但經營者若是抱著「撿現成」心態，期望學校、競爭者幫你訓練好的人才，之後反而會造成很多衝擊。例如，挖角會造成原來員工的心理不平衡，而且你挖角來的人，極有可能會再被挖走。

員工教育訓練應該由企業自己來，這麼做的好處多多。首先，得到訓練的員工，會覺得自己在這家公司有發展希望；反之，沒有接受教育訓練的企業員工，就只能靠自己工作學習、掙扎，也不知道主管有沒有看到自己的成長、進步。此外，員工若能得到公司的訓練，其責任感、歸屬感也都會相對提升，他自然覺得自己在這個工作崗位上有未來、在這家公司工作有願景可期。

這麼一來，教育訓練→員工進步→服務和產值提升→回饋公司，善循環就會發生。如果不做訓練，員工服務和產值不好、抱怨就多，向心力消失無蹤，更不用提團隊合作了，結果是：這家公司從上到下包括老闆、主管、員工，全體都在「倒退嚕」！

在各種教育訓練中，讓員工到相關部門學習的「交換訓練」也很重要。例如安排房間的櫃檯人員，以及整理房間的房務員，或檢查房間的領班，就可以互換工作。這麼做的最直接功用是，後台人員可以實際感受到客人急著入住的急迫性，而在第一線的櫃檯人員也會明瞭整理好一間客房的流程以及所需時間。這種訓練可讓員工了解自己上下游的工作，也比較容易對同事的工作產生同理心。通常實習一、兩個禮拜即可，而且要在原本工作做了六個月以上再去交換訓練，才會比較有成果。

我深信教育訓練一定要做，不管賠錢、賺錢、長期、短期都要訓練自己的人才。好處之一是，受訓者會覺得自己有成長和進步，更有責任歸屬感，也會覺得這家公司是有希望、有願景的。之二是員工的產值會提升，也因此覺得自己在這個工作崗位上有發展性，進一步激發自己學習和更努力工作的意願。

教育訓練可以有很多種：新生訓練、在職訓練、交換訓練、外派訓練、觀摩、語文甚至儀態的訓練，這些是對工作有直接幫助的，此外還有和工作沒有直接相關但是可以提升素養的，如理財、音樂欣賞、親子關係、讀書會、穿衣學、養生……，這種訓練可增加員工話題的廣度、交換彼此價值觀、加強互動、默契等。例如從讀書會的討論中，可以讓主管更加了解每位員工的個性與價值觀，知道該用何種方法與之互動。

對於中階幹部的訓練又不同。公司會讓中階主管多透過閱讀或去上跟原專

蘇國垚珍藏著過去各個職務的工作名牌，標誌著他在旅館業歷練的過程。

業領域不同的課程，以增加其知識廣度，或提升人文素養，例如上EMBA，學習財務分析、管理工具、行銷手法、人才管理等等。雖然早已有不少企業在做，可惜旅館業這麼做的還很少。有旅館經營者甚至到現在還在用「不過是個掌櫃的」、「跑堂的」來稱呼自己的總經理，這是非常錯誤的觀念！

中階幹部就是未來的高階幹部，要博、通，人力、財務、電腦、人文素養，樣樣不可少，包括讀書會、電影欣賞、主題演講，都是可增加其廣度的人才養成方式。現在旅館業者讓員工上最多的課卻是「如何提高平均單價」等求立竿見影的課，眼光實在太短淺。

去住比自家優秀的旅館

另一種教育訓練的方式是安排去觀摩甚至住進別家旅館，或是去別家餐廳用餐，看人家是怎麼服務的。甚至讓同事假扮夫妻包了紅包去吃喜酒，或去吃別家餐廳的美食節。這種觀摩訓練最好是去比自家優秀的對手，或到國外去考察，重點在「要能確實學到東西」，因此帶領的人要夠專業、分析得出優劣點才行，才不會白跑一趟。

我在亞都時，大概每一、兩年便會帶主管到香港或新加坡考察優良的同業，或新開張營運的旅館。通常我一次會帶十來位員工同行，大家共進早餐後便會分成幾組，午、晚餐分別去當地不同的好餐廳體驗。有時會安排住在姊妹旅館，並請他們爲我們導覽。

體驗之旅一定要住最好的旅館，才能學到有用的內容。所以一個人通常預算要五萬元左右，十六個人就要八十萬元，行程約三到五天，住最好的旅館之外，吃、喝、玩、樂也都要是最好的。

這種學習之旅效果要好，就要有資深主管在一旁教：為什麼好？好在哪裡？都要能說出所以然來，所以大都是由總經理親自帶隊。

我才剛當上總經理時，就曾隨嚴總裁去紐約開會，一路上住的、吃的，都是最頂級的：飛機坐頭等艙和商務艙，在洛杉磯住的是《麻雀變鳳凰》電影實景的比佛利麗晶酒店（Regent Beverly Hotel），到夏威夷則住檀香山最好的旅館Halekulani。這家旅館最厲害的不論事先訂房或隨機進來的客人，櫃檯都叫得出客人，因為旅館大門口的制服人員在幫客人拿行李時，便會留意行李上的名牌，立刻以無線電告知櫃檯人員，所以當客人走到櫃檯報到或詢問時，櫃檯人員便可以姓氏來稱呼客人，讓客人驚喜不已。

但我們那次的經驗卻令人失望。我們事先訂房了，入住時櫃檯人員卻沒有叫出我和嚴總裁的名字，甚至還帶錯房間：把嚴總裁帶到我的小商務房，卻帶我到嚴總裁的豪華套房。所以我得到的結論是，如果沒有做好晨報，或當班的人不認真，再好的旅館也會出錯。

讓高階主管親身體驗頂級享受

嚴總裁當年讓我這個菜鳥總經理，跟著他體驗這趟豪華之旅，真教我受寵若驚。事後嚴總裁向我說明，這趟豪華旅行的用意，就在讓我感受競爭對手所提供的服務等級和內容。

體驗學習還可以包括參加國際會議、旅展，或大型酒會、談判、海外同業參訪等，這些都可以提升大家的談吐、穿著水準。體驗很重要，身為旅館人若沒有親身體驗，就不知道半島酒店、文華酒店等世界頂級旅館的服務秘訣及細微之處：例如，客人講錯話時，文華酒店的服務生是如何不著痕跡地幫忙圓場；曼谷東方文華酒店的外籍總經理站在大廳迎接客人的風範，效果何其大！因爲他是旅館的代表人物，客人若沒看到他，就會覺得文華酒店少了什麼。

旅館服務人員，尤其是高階主管，唯有親身經驗過頂級客人所講究的頂級服務，才能了解客人爲什麼抱怨，因爲客人是以他住頂極旅館或坐頭等艙時享受到的一對一頂級服務經驗，來要求你的旅館服務，而這些，我認爲只有親身體驗才能開竅。

經典旅館人

凱撒・麗池（一八五〇—一九一八）。瑞士人，現代豪華旅館鼻祖。先後掌理了許多歐洲知名豪華旅館如倫敦Savoy，巴黎Ritz等，人稱「飯店業之王，服務君王的飯店業者」。他還發明了凱撒沙拉、麗池餅乾，是第一位將貴婦們吸引到旅館用餐的旅館人。

拉菲・希池（Ralph Hitz，一八九一—一九六〇）。提供客人家鄉報紙，是希池的旅館在一九三〇年代就有的服務。他是第一位會收集客人生活習慣的情報，並善加利用提供個人化服務的旅館人。

恩能斯特・韓德森（Ernest Henderson，一八九七—一九六七）。喜來登飯店創始者，一九三七年在美國麻省擁有第一家旅館，是第一家在紐約證券交易所掛牌的連鎖旅館，一九四九年開始拓展國際市場，一九九八年喜來登被喜達屋（Starwood）集團收購。

康萊・希爾頓（Conrad Hilton，一八八七—一九七九）。希爾頓飯店創始人，一九一九年在美國新墨西哥州買下第一家旅館，於一九五〇、六〇年代開始在美國及海外拓展旅館事業，使希爾頓成為全世界第一個國際連鎖旅館。他還設立了許多國際旅館的標準，如標準會計制度、訂房系統、廚房的人體工學設計……等。

凱摩・威爾森（Kemmons Wilson，一九一三—二〇〇三）一九五二年開創假日飯店（Holiday Inn），他的經營理念是堅持清潔、標準化及細心的維修，其所經營的旅館最受中產階級喜愛。

傑・威拉・麥瑞歐（J. Willard Marriot，一九〇〇—一九八五）。萬豪酒店集團創始者，虔誠的摩門教徒，一九二六年以Root Beer（沙士）起家，一九三七年開始涉足空廚事業，一九五七年第一家萬豪酒店在美國華盛頓特區成立。早在一九三〇年代，他就利用中央廚房系統供應生熟食給旗下餐廳。最神奇的是，身為集團董事長，他經常親自處理顧客抱怨。

喬治・奧古斯特・艾斯考菲（George Auguste Escoffier，一八四六–一九三五）。被尊稱為「廚師之王，萬王之廚」（King of chefs, chef to Kings）。他所著的《奧古斯特・艾斯考菲廚書》堪稱「現代廚藝的新約聖經」（The New Testament of Contemporary Cookery）。他與凱撒・麗池搭檔，經營當時在巴黎、瑞士及倫敦最知名、最頂級的旅館，他是樹立廚師在社會崇高地位的大功臣。

17

定位成功
銷售成功

行銷人員

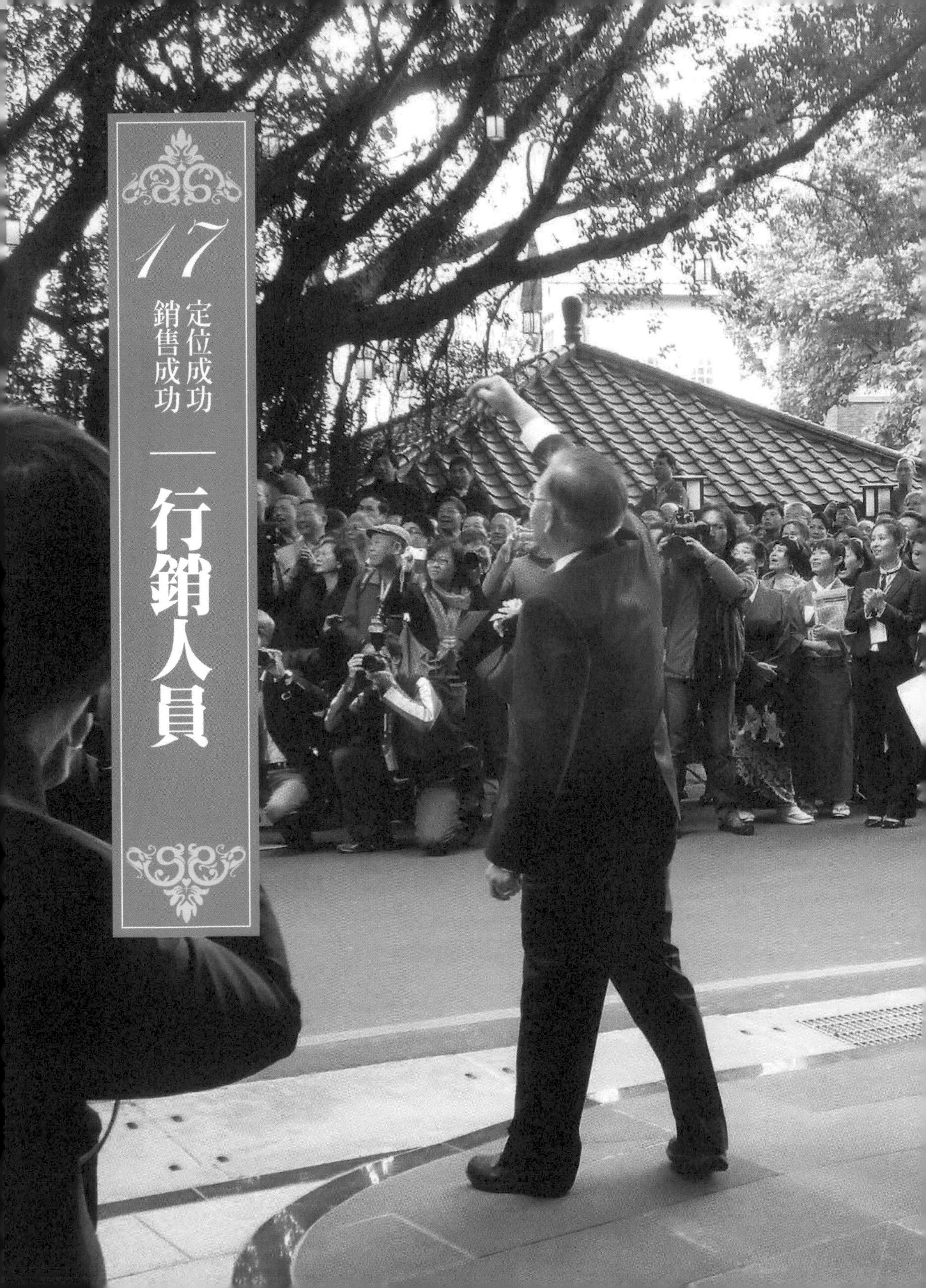

行銷人員

職務亮點：品牌行銷，定位清楚。

工作內容：設定旅館市場定位以及行銷策略，並依此規畫出營運計畫和業務目標。

工作時間：上午九點到下午五點。

剛剛落成，裡裡外外都還閃閃發亮的旅館開幕了。鞭炮放得震天價響，這時旅館總經理拿起大紅托盤中、掛著流蘇的大門鑰匙，打開門鎖後，就像新娘拋禮花似的，將大門鑰匙向圍觀的群眾拋去。

這是開幕儀式之一，「丟鑰匙」[註]象徵這家新開張的旅館，將永不關門、永遠不會結束營業！

在開幕儀式中將旅館大門鑰匙丟掉，是一種古老的歐洲傳統。其實一家旅館在開幕前，除了花大成本蓋旅館，內部軟體作業也已鴨子划水好一段時間，目的就在確保旅館一開張就能夠成功營運下去，而成功關鍵就在於旅館定位是

前頁圖爲日本加賀屋溫泉旅館引進台灣開幕時的丟鑰匙儀式。

攝影／蘇國垚

丟鑰匙是歐洲傳統儀式

大概發展於旅館業正開始興盛的十九世紀末、二十世紀初。這支鑰匙通常是特製的，一般大門本來沒有鑰匙，為了開幕儀式會去特製一個類似機車鎖、附有鐵鍊的掛鎖，上面便會有鑰匙。鑰匙通常會鍍金，比較好看、醒目，後端則會掛個流蘇。

否明確。

什麼是定位明確？最明顯的例子，就是曾經接待過Lady GaGa的W酒店。創立於紐約的W酒店以「整體形象包裝」爲其行銷策略：將自己包裝成「炫、潮、酷、時尚」的旅館。因此，自認爲「炫、潮、酷、時尚」的客人，就會選擇住在潮店。

要怎麼包裝出「炫、潮、酷、時尚」的形象？W酒店從服務人員的制服到講話方式等各方面都下足功夫，不但服務人員的外貌打扮要夠「潮」，連旅館內各個部門也都有其獨特的「潮名」，並且都以「W」開頭。例如酒吧叫「Woo Bar」；萬事通叫「Whoever Whatever」，意思是不管是誰、是什麼事情，我都可以爲您解決；房務員叫「stylist」（設計師），房務員要進入客房清潔時，會先敲門喊：「stylist」，取其會將客人的房間整理得很有型之意。

沒有定位，蓋不出旅館

此外，在教育員工時會強調，房務員不是進去做客房清潔，而是在幫客人設計房間……。強調「炫、潮、酷、時尚」的W酒店在找員工時，更要找有現代感、潮感外形的人，講話也要很潮、比較酷的才行。

這些顚覆傳統式旅館要求的特色，之所以能得到其客人的認同，就是行銷策略成功使然。

旅館要如何定位？其實沒有制式做法，也沒有定律，唯一的原則就是「明顯地將旅館定位出來，並讓旅館的軟硬體全方位符合這個定位」，這樣才抓得住客人的認同和脾胃。

決定經營一家旅館時，首先要思考的是市場定位，才能依此決定旅館的性質、設備、規模。日本客人是最大宗嗎？歐美觀光客居多？還是本國觀光客比例較高？要蓋的是休閒度假旅館嗎？目標客人是前來開會的商務客人？或是來去匆匆的過境客人？

若是以過境客人爲主，旅館的空間、設備，就不需太大、太好，因爲客人多半只睡一覺便轉往他處。若是以商務客爲主，就需要一定空間和設備，因爲客人雖然大部分時間在外面開會或拜訪客戶，但也可能到旅館房間談生意，所以房間不可太寒酸。客人也可能和客戶餐敘、小酌，所以酒吧、咖啡座這些基本設備都不可少。客人更可能爲了回報本地客或朋友的接待，要在離去前回請，因此商務旅館內也要有好餐廳才行。

這些旅館定位以及營運方向，都應該在旅館開始興建之前就勾勒出來。所以旅館籌建時，團隊中就要有市場行銷專家，或是有很熟練、精明的經營者做顧問，才能在一開始便做出正確的決策。

用名人創造吸睛效應

定位和方向雖不必永遠一成不變，但是至少一開始就要有很清楚的方向。不只五星級旅館如此，就算是只有二十四間客房的小型休閒旅館，也要有清楚的定位。例如，我曾參與的一間位於文化古都鬧區的老舊旅館翻新計畫，我們事先就將其定位爲懷古、人文、藝術，所以在二、三樓都設計有可供借展的藝術空間，其用意就是希望藉活動吸引各種客人，這是在旅館翻新之前，便設計、規畫好的。

有了藍圖和構思後，就要規畫出未來的營運計畫，也就是「拉客人上門」的具體做法。在此我要提出「收益管理」（yield management）的概念，指的是有些客人也許短期內帶來的收入貢獻不大，卻有很好的行銷效益，則旅館也可以考慮優惠大放送。也就是說，大部分客人上門是在讓你賺錢，有些客人雖無法讓你立即賺錢，卻可以讓你「賺名」，爲旅館帶來錦上添花的效果。

例如好萊塢影星湯姆．克魯斯第三度來台時，住的是晶華，而他前兩次下榻的遠東飯店，就可能扼腕不已。台北有幾家五星級旅館專攻國際名人、明星市場，因爲會帶來歌友、粉絲和媒體蜂擁而至，對旅館而言，公關效果極大，因爲曝光度也是市場行銷的一環。因此，旅館會用很低的價錢邀請名人入住，例如用一般套房的價格升等爲閣樓套房。

紅海中殺出藍海

以前亞都的大套房只有三十五坪，比不上其他新飯店六十五坪的大套房，加上亞都先天條件的缺失：設備不足、地點不好，又曾淹水，沒有商圈。但嚴總裁卻也想到一個「不賺錢卻能賺名」的利基市場，便是藝文名人——世界三大男高音：卡列拉斯（Jose Carreras）、多明尼哥（Placito Domingo）以及已過世的帕華洛蒂都住過；來過台灣三次已故法國默劇大師馬歇・馬叟（Marcel Marceau）、黑人女高音潔西・諾曼（Jessye Norman）、在戴安娜和查理王子婚禮上獻唱的女高音卡娜娃（Dame Kiri Janette Te Kanawa）等，都曾是亞都的貴賓；馬友友是亞都的忠實客人之一，許多雲門舞集的貴賓，也都住亞都。亞都和藝文界也一直保持良好關係：協助開記者會、活動包場、買藝文表演門票……。這就是當年亞都為自己「殺出藍海」的利基市場。

住過亞都的作家也不少，例如《根》的黑人作者海利（Haley），此外還有一些導演、劇作家等。這些藝文界名流通常不喜歡住太高調的旅館，也不喜歡過於吵雜，大廳總是人滿為患，亞都大廳小小的，不可能擠進太多粉絲，剛好符合這些藝文人士的品味。

一生只有一次的珍貴體驗

當然，每家旅館各有其行銷策略。華泰、國賓、老爺這些日式商務旅館，員工一定要會講日語，服務方式也要很日本味：九十度鞠躬、雙手合併。總之，要讓入住客人有在大阪或東京商務旅館的感受，旅館的裝潢、設計，也都要很到位。

知名的加賀屋則屬於傳統日式旅館，其特色就是會有一位女將(或稱爲女主人)，對每位客人親切招呼、關懷，很有母系企業的色彩。此外，樓層的服務人員也全都是穿和服的女服務員。

加賀屋這類型的珍品旅館，除了以日本味爲特色外，更應該設法進一步提升，讓自己跟「一生只有一次的珍貴經驗」畫上等號。也就是說，客人會把入住加賀屋，當成是人生的珍貴體驗，因此會特別帶父母親或另一半住，或在值得慶祝的日子，入住加賀屋當作紀念。

如果能做到，就能和同業做出區隔，賣點就不只是旅館本身的「日本味」而已，而是很難得、很珍貴的體驗；不是只要有錢就能夠得到的體驗，而是要「親身入住加賀屋」才能有的體驗。

也有旅館是以「快速」爲訴求，瞄準的是講求效率的客人，客人報到後也不會在旅館用晚餐，隔天吃個簡單早餐後，就退房了。這樣的旅館便不需要建置太多設施，因爲一切都是以快速進行爲訴求，客人對設施配備不會要求太多。例如假日飯店就另外成立一個「快速假日飯店」（Holiday Express）品牌，內部設施就沒有太講究。

新行銷：透過網路找客戶

網路是吸引新客人的好通路，在網路行銷，可以每天開放總房數的五％試水溫，賣完了再開放五％。反應好的話，就可能賣出原本賣不出去的房間，成爲塡補淡季或淡日空房過剩的好通路。

星級旅館評鑑方式

全世界許多國家都有做旅館的星級評鑑，也有些私人機構在做，像美國石油公司Mobile和美國汽車協會（AAA）、法國米其林輪胎公司，都具有全球聲譽。其最主要目的是要讓消費者想要旅遊或用餐時，有參考的依據。

至於台灣的評鑑，本來是梅花制，做了也有近二十年，現在改成星級評鑑，最大差別是梅花制是事先告知業主要去做評鑑。

目前的評鑑分兩個階段，先做硬體評鑑，還是會事先告知，因為要深入後勤去看，包括消防設施、廚房清潔、行李房、倉庫、建築設備等等，景觀、綠建築也都納入評鑑項目。硬體檢查總分是六百分，評鑑若在三百分以上，就可以申請第二階段的軟體評鑑。第二階段占四百分。評鑑後總得分若超過六百分（滿分一千分），便是四星級旅館，達到七百五十分就是五星級。三百分是三星，六十分到一百八十分則是一星。第二階段的評鑑是無預警的，第一階段被評鑑達三〇一分，負責單位就會在兩個星期內派兩位神秘客去檢查軟體。可能是夫妻、或帶小孩或自己一個人甚至跟著團體入住，都有可能。神秘客會去評櫃檯辦理入住、停車、總機、訂房、房務服務、房間清潔、服務、晨喚，總共十三個項目。健身房、早餐、洗衣服等設施和服務也都包括在內。

星級評鑑最主要目的是要讓消費者有參考依據，也在告訴業者有人持續監測旅館的品質。目前大概有四百多家旅館參與評鑑，每三個月評鑑一次，這是官方的評鑑。另外有些國外雜誌和旅館機構，所做全球性評鑑，也會包括台灣的五星級旅館。

第二個好處是可將經由網路上門的新客人，經由網路行銷手法，培養成回頭客。

我去台北某大飯店時就注意到，該飯店除了台灣和陸客爲主要客源，也有俄羅斯、土耳其、英、法、荷蘭等國人士，我就提醒總經理要特別重視這些客人，並了解他們是透過什麼管道來的。一問之下，這些異國朋友果然是透過網路訂房，其中還有常客。總經理乘機跟這些人換名片，打聽其台灣聯絡人，目的就在開發更多這類客人，甚至也可以跟這位台灣聯絡人簽約，好鞏固這個特殊客源。對於常客，也可以直接把該付網站的佣金折扣給客人。這就是網路行銷。

套裝產品也是旅館行銷的一環，最常見的是一泊一食或一泊二食[註]。最厲害的是一泊五食，那是南部的「牡丹灣Villa」推出的賣點，這家旅館還曾被神秘客評爲最好的旅館。牡丹灣在客人一報到時，便提供下午茶，之後是晚餐和第二天的早餐、午餐。其實旅館這麼做並不會吃虧，因爲客人通常吃不了那麼多，頂多飽食一餐加點心，但是訴求一泊五食肯定會讓客人覺得「賺到了！」推出什麼賣點，才能夠吸睛又吸客，全要靠旅館行銷人員絞盡腦汁。

辦行銷活動的最重要指標，還是要回歸活動的收益管理，例如每逢年度自行車展及電腦展，全台北的旅館都客滿，逢特殊旺季，各家旅館都是全價賣，不手軟，就算是老客人也要提早預訂，否則到時就沒有房間，這時可沒有道義

房價計價方式

美式計價法（A.P.：Full American Plan）：通常度假村的房價是含三餐的，因為一出去什麼都沒有。另外是含早、晚餐，午餐沒有。那是因為客人往往睡很晚，用了早餐後午餐就省了，或是中午會出去玩，晚上才回來用餐，這叫「修正的美式計價法」

交情可言。

台灣「國際自行車展」是台灣規模最大的全球性商展，參展者在當年展覽結束、到櫃檯退房時，通常也會預付明年的房間，以備明年之需。而客戶除了參加台北的展出外，也常順便到台中參觀自行車工廠，台中旅館因此受惠，這是意想不到的。

其實旅館的市場行銷，也可以配合所在城市的行銷，發揮一加一大於二的效果。我記得台北市爭取到的第一次大型國際會議是國際獅子會年會，當時總共需要三千間房間，而當時全台北市也不過共有八千間房，以致一時供不應求。當時各家業者都配合政府做形象，雖然可以大撈一筆，卻是用很低的價格提供與會人士住宿，因爲一旦辦過一次國際級會議，就可以吸引其他同性質會議來台舉辦，等於政府和業者聯手「把市場做大」。果然之後青商會、扶輪社，也都來台北舉辦年會。

小客戶其實才是忠實客

家旅館開始蓋，最重要的定位清楚了，企畫案、市場行銷計畫也都討論過、定案，並開始執行。接下來，就是業務出動的時候了！

做業務的訣竅很多，我想分享自己初當總經理時學到的功課。許多旅館每

（MAP：Modified American Plan），也就是俗稱的一泊二食。

歐式計價法（EP：Europe Plan）：不含任何餐。

歐陸計價法（CP：Continental Plan）：含簡單早餐，多半沒有熱食如火腿、香腸，沒有炒蛋只有煮蛋，有果汁、冷切火腿、起士、牛奶、咖啡、麵包。

此外還有一些大家可認識的專業名詞：「定價或牌價」（Rack rate），即公告的計價；「合約價」（Commercial rate），提供簽約客戶的優惠房價；「日租價」（Day rate）通常以房租之半價供延遲退房或僅休息而不過夜。

逢秘書節都會出面宴請客戶，這些客戶以外商公司的秘書爲主，這群外語頂呱呱、辦事俐落的娘子軍不會自己來住旅館，但是會送公司的客人來住，所以是旅館的重要客源。

宴會時場地是按各家公司對旅館的貢獻度排座位，坐在最前面的往往是IBM、HP、拜耳藥廠等大型外商，小貿易公司的秘書則被安排坐在較後面。

晚宴上少不了有總經理講話、摸彩等，大家都很開心。我做過業務總監，跟這些秘書都很熟。那次我在致詞時，照例一一點出大家的貢獻度，並鼓勵坐在末位、無名小貿易公司的秘書要加油，多多送客戶來住亞都，以爭取坐到前排的榮耀。

晚宴成功落幕，第二天開完早會，嚴總裁找我到辦公室，提醒我說，IBM雖然每年貢獻給亞都二千間房，但是它在全台北市的需求是一萬間，亞都才分到五分之一。許多外商也一樣，不會把雞蛋放同一個籃子內，而是放一半在亞都，一半在西華。

但是，坐在柱子後面、看不到台上意氣風發發表演說的總經理的小貿易公司秘書，雖然一年只有五十間房間的貢獻，卻是將僅有的五十個房間統統放在亞都，小貿易公司其實才是亞都最忠實的貴人，才是眞正愛亞都的人。再加上量少折扣小，亞都客房收入的利潤，許多正是來自這些小客戶啊。

大家都在搶大客戶，一有更好的提案便頭也不回轉往其他旅館，或藉此殺價，小客戶沒有人積極爭取，忠誠度反而比較高。嚴總裁提醒我的是，行銷時不能大小眼，不要忘了將關愛的眼神放在小客戶身上，在客戶的貢獻度之外，也不要忽略其忠誠度。我當年學到的功課，受用一輩子！

創造旅館特色傳統

香港有家旅館會放小禮炮，美國田納西州孟斐斯的皮巴迪旅館（Peabody Hotel）設有「鴨子侍衛長」（duck master）的職位。這些都不只是個活動，其實是有其特殊意涵的。香港旅館中午整點放砲，其實是英國傳統，富涵歷史意義，表示我這家飯店是有獨特歷史傳統的。

國外許多旅館都會強調其歷史性角色，例如茶黨曾在這裡開會，所以自我標榜爲美國革命發源地；辜汪會談則成爲新加坡萊佛士酒店的宣傳工具；有的則強調內部有個特別的角落是別有意義的，毛姆曾住過的曼谷東方文華酒店某個套房，如今命名爲毛姆套房。馬克・吐溫住過的旅館、日本作家川端康成寫作的旅館等，旅館都會強調自己「受到大文豪青睞」的特色。

飯店若曾經是歷史傳承的媒介和舞台，可供大衆緬懷，員工也會覺得驕傲，經營者就應承襲該傳統，客人就會覺得與有榮焉，或覺得自己跟這些文豪名人是同一等級的，或去住旅館時有古人的鬼魂出現也覺得是很特別、值得拿出來一提的經驗。

台南市的「佳佳」旁邊有棵七層樓高的大榕樹，我曾告訴總經理可以每天都進行榕樹澆水儀式，並將此變成旅館的傳統，並讓客人參與，這樣就可以結合社區歷史，表示這是一棵有生命、有傳承的樹。

你是樹的鄰居就應該澆樹、愛護樹，客人也會說你是愛護大自然有環保意識的旅館。只要持續做，成爲旅館的歷史與特色，那就會很棒。

以前墾丁凱撒飯店的大廳有個樑架，上面總是站了隻鸚鵡，客人會去餵食，鸚鵡看到人也會打招呼。我有一次一大早無意中撞見員工穿著沙龍在餵鳥，並帶著鸚鵡在花園繞一圈後，再帶到鸚鵡「上班」的位置，很有特色。

飯店可以讓客人一大早去看鸚鵡上崗秀，這就可以成爲飯店的吸睛特色。台北太平洋崇光百貨公司報時的鐘、大葉高島屋的水族箱秀、英國白金漢宮的禁衛軍等都是。重點在要有特色、有故事，並且持續下去成爲旅館自己的傳統。

到墾丁凱撒飯店的客人，可以一大早去看鸚鵡上崗秀。這成爲凱撒飯店的特色。

四星？五星？怎麼蓋？

旅館設備簡便或講究，並沒對錯，差別在市場行銷、定位的不同。原先設定好的定位也可以調整，因為市場會變動，有時甚至發生很大變化，旅館也要能及時因應、相對做出調整才行，否則生意可能一下子就下滑，或是市場大好、同業都在大賺，你卻看得到吃不到。所以旅館在蓋的時候，便要將「未來可能縮小或擴充的可能性」規畫進去。

有人問過我，旅館要蓋多大間才對？我當時的建議是，如果所在城市沒有五星級旅館，或是目前沒有五星級旅館的需求，但是將來可能會有，那麼蓋的時候，就可以先將旅館定位為四星級。

也就是在內部材質上，先採取四星級規格，但是隔間架構上以五星級的標準來蓋，以因應未來擴充的需要。

例如，五星級旅館的標準客房是十二坪，四星級為十坪，那麼房間就先規畫成十二坪，可是地毯、壁紙則用四星級的等級，等到未來旅館必須變身為五星級時，只要換地毯、重貼壁紙就可以了，因為隔間不好改，裝潢比較容易改。

外一章

旅館的招財貓——宴會廳

幾年前，亞都飯店曾派主管到日本大阪Plaza Hotel受訓，受訓主管回來後分享心得表示，最大的震撼來自當宴會活動結束、送走客人、場地整理乾淨後，經理就領著所有工作人員，對著空無一人的宴會廳，朝舞台方向鞠躬，以表示對場地的感謝。

日本人做事很認眞，廚師會穿西裝來上班，到飯店鄭重地換上廚師服，而且不論職位高低皆如此。這種認眞的態度以及對工作的虔誠，讓現場受訓的主管印象深刻。甚至員工退休後轉成臨時人員，也會穿西裝來上班，台灣這方面就遠遠不及。

這就是日本服務業的精神展現，他們會向場地、生產工具、商店招牌這些沒有生命的物品鞠躬，表達感謝之意。旅館主管若能以身作則，心懷感恩，員工自然也會跟著愛惜場地，搬桌椅時小心，不粗魯碰撞或拖拉，自然會形成良性循環。

宴會廳貢獻二五%營收

上述讓人難忘的向場地「行禮」之舉，是在一個大宴會廳。當時，亞都飯店的婚宴一桌大約新台幣八千或一萬元，一桌可坐十二人。但是那時日本的宴會是一人以新台幣五千元計，入場處還有兩排分別穿著和服與洋服的女性接待

宴會廳對旅館營收的貢獻度達四分之一，雖然只是個無生命的「場所」，卻是旅館的招財貓。圖爲台北亞都麗緻飯店的宴會廳。
場地／台北亞都麗緻大飯店
攝影／台北亞都麗緻大飯店提供

員。金額的落差也凸顯宴會廳收入，對一家旅館的重要性和貢獻度。

一般旅館的營收來自客房及餐飲，餐飲中一半的營收則來自宴會廳。宴會廳承接各種會議、婚宴、展覽活動，市場大而多樣，有些旅館很重視宴會廳的經營績效，甚至會將負責主管提升到副總層級。

宴會部門的英文是banquet department（餐宴部門），國外稱catering department（宴席部門），有時會拉到外面做外燴（outside catering），是很龐大的收入來源。

宴會廳的行銷方式屬於「拉客於無形之中」，所以對潛在的目標客人就不能掉以輕心。換句話說，如果能讓所有來過宴會廳的客人都留下良好印象，那麼當客人有需求時，就會找上門，這就是宴會廳吸引客戶的最常見模式。所以宴會廳主管就要叮嚀同事，承辦婚宴時，絕不能對主桌和一般桌客人大小眼，因為任何客人都是潛在客人。

一眼就要看出客人需求

宴會廳客人多半是自己上門外，也不乏有備而來、非常精明的，因為他們可能已經「貨比三家」了，所以，客人上門時，訂席部的專員、主任或經理、副理，就要在第一時間很敏銳地看出客人需求，才能眞的hold住客人，這個職

餐廳領班在宴會開始前會召集所有接待人員，提醒當天應注意事項。

位的眉角就在這裡。

客人的需求各有不同，有人要豪華、有人要菜好吃、有人要便宜、有人要停車空間多，接洽人員就要懂得接招。例如對於只請十桌的客人，你若一直強調宴會廳挑高、豪華感，就沒有意義。所以，和客人初接觸時，就要藉機「刺探」客人最在乎的是什麼，抓得住，你的旅館就可以勝出，也能顯現你對客人的貼心。例如可以這麼問：婚宴請的是新人的朋友多或父母親的朋友多？因為菜單內容會不一樣，如果年長者居多，就要多選軟爛的菜。還有，若是親戚多來自鄉下，可能就會用遊覽車接送，也會需要較大停車位，小型停車位就不需要太多，那旅館停車位少，可能就不成缺點了。

旅館經營最要緊的，就是「不是你的客人，就不要勉強拉進來」，否則極可能成為日後客人抱怨的導火線。接待人員也不要勉強承諾自己無法做到的事。許多旅館人剛進這一行時，會做出勉強的承諾，結果導致棘手的客訴。

初步洽詢後，客人在比較並決定場地後，可能會要求試吃，這時通常有決策者陪同，可能是爸媽、未來公婆或老公。這時有個動作很重要：要適時「抬出」經理或大廚，讓客人覺得你「很慎重」、「很看重他」。

主廚要適時出場見客

以喜宴爲例，主人家重視的如果是吃得好不好，就要請動主廚解釋菜單、說明料理的設計，客人便會覺得安心。另一個重點是，不要計較客人的桌次多少，都要同樣愼重服務。特別是對十幾桌的小客戶如果還能盡力服務，他就更感激了。甚至婚宴當天，主廚還能出來致意的話，就非常完美了。

阿基師爲什麼成功？撇步就在，每逢婚宴，他就會站在大廳迎接客人。爲什麼要這麼做？因爲他是這場婚宴的主廚，也是招牌、靈魂人物。這就好像以前許多人上亞都飯店是衝著嚴長壽總裁來的；當嚴總裁轉任圓山飯店時，粉絲也會因爲他而上圓山飯店消費。

當然不見得每家飯店的主廚、總經理都有粉絲，但客人上門辦婚宴時，飯店的「大咖」如果能在關鍵時間、地點露面，不但會讓客人覺得你很看重他，因此而帶給客人的「好感」更是無價。

所以，接待人員首先要有敏銳的「讀人」能力，看出客人的需求，而不是「一個命令、一個動作」，要等到客人提出要求，才急忙去了解或應對。但是，稱職的接待人員也切忌「隨便亂給承諾」。有些行業的業務人員會先答應了再說，但是旅館人千萬不能如此，因爲有些事是不能重來的。例如，會議流程開始跑了，就不能重來；婚禮開始了，也無法重來，所以一定要做好所有細節的確認和準備，不可讓當初打包票「沒問題」的事，結果卻讓客人失望了。

我有個學生在旅館擔任宴席副理，有一天接了一組婚宴客人，其中新娘的腳是不太方便的。婚禮當天，我的學生不但搞錯客人特別交代要播放的進場音樂，還忘了在台上放腳凳讓新娘保持平衡。這是非常不應該犯的錯，一生只有一次的婚禮，不能重來，也無法彌補，更不是退錢就可以解決的問題。

充分溝通需求，搞定桌數

決定桌數時通常要有保證桌數。例如預約五十桌，而保證桌數四十八桌，意即到時若實際只開四十六桌，客人也要照付四十八桌的錢，不過通常客人也可以選擇一、兩星期之內到飯店「補吃」，主人家就可以用來請工作人員或當天無法出席的親友。

旅館最怕的是婚宴當天超過預約桌次，卻沒地方擺桌，而必須挪到其他場地，這也要事先跟客人溝通清楚。喜宴要辦得成功，事前與客人充分溝通最重要，客人在乎、講究的，更要事先掌握好，免得到時「凸槌」。最好請客人事先確認賓客出席人數，以免屆時來得太多或太少。

還有，婚宴負責人員要向客人說明當天哪些事不能做，例如因爲旅館鋪了地毯桌上就不能擺瓜子，否則瓜子殼很難清。也不能出現有「火」的物品，如仙女棒、火把，因爲政府規定不能有明火出現。

宴會廳和客人洽談清楚了，如果是大場子，宴會廳領班也要要開始規畫當天該找多少位非正職人員（PT）來支援。

臨時人員職前訓練不可省

旅館找PT自有一套系統，通常會「發包」給經常來打工的優秀PT，讓他當工頭去找其他人。工頭通常不止一位，領班會請每個工頭負責找五至六名臨時人員來幫忙。

雖然工頭多半很熟悉旅館的需求和作業，由他們去找，比較能找到對的

君悅的創舉

有些旅館會配合宴席價位提供各種燈光秀或上菜秀，這在今天可能習以為常，殊不知，這是凱悅飯店（現改名君悅飯店）當年帶入台灣的創意之一。

君悅其實帶入台灣很多新觀念，燈光秀是其中之一，影響更深遠的還有中央廚房（commissary kitchen）。舉例來說，旅館的日本餐廳、中餐廳、義大利餐廳各會用到蔥的不同部位，中央廚房可以將每天各餐廳所需要的量一起採買，分別處理。這樣既可壓低餐廳成本，也不會浪費食材，更因為有人專門處理，也會做得比較細心。肉也是一樣，例如買進一整條牛背脊肉，由中央廚房分段處理、運用，例如切下來的肥肉和碎肉，就可以做成漢堡的食材。

不只這樣，中央廚房外，君悅的庫存也全部電子化管理。例如，電腦裡鍵入了一套標準食譜：八盎司牛排，配兩朵花椰菜、小紅蘿蔔、薯泥。一旦外場賣出一客牛排，電腦內的庫存資料也同步扣掉應有的牛排數和配菜的庫存量，並且連線讓中央廚房、採購部門或其他相關部門主管，立刻掌握銷售和庫存狀況。

這是非常科學的庫存管理方式，既可降低成本，食材充分利用永遠新鮮，也能節省資源，因為中央廚房有洗菜機、脫水機，洗起來省時省力、有效率，也更衛生。

這是早在一九九〇年代凱悅飯店帶入台灣的先進做法，然而台灣至今還有許多大飯店沒能跟上這套制度。

人。但是旅館還是應該對PT施以教育訓練，不是人一來、穿上制服，就可以上場工作的。

以亞都爲例，PT的訓練至少會有十六小時，而且都會付工資。課程內容包括公司的理念、工作環境、工作流程，和客人經常會問到的問題，這是有制度公司的做法，也比較能夠找到好品質的PT。

對PT除了施予訓練外，也要有獎勵措施。例如，做滿一定時數就提高鐘點費，吸引他們經常回來打工，就能越做越上手。甚至可以讓他畢業後成爲正職人員，畢業前的打工時數，可以全部轉換成年資，以提高誘因。

宴會廳的服務經理當然也要對所有參加人員簡報：主人家是誰？分別姓什麼？也許其中一家是每週來飯店參加例會的扶輪社友，另一家從苗栗來，會有許多親友坐遊覽車來、講客家話……等等。這類有關客人的背景重點，就算是PT人員也要事先知道，才能夠做好服務，例如負責上菜的PT人員，才知道爲什麼今天上菜要快？爲什麼宴席會拖長……等等。

一般來說，若是晚上的喜宴，PT通常五點半報到，吃過飯後六點換制服上場，六點到六點半就是簡報時間。但宴席可能七點開始，這當中的半小時「空檔」，領班就必須把PT分成兩班，一班先上場，每兩桌站一個，應付現場先到客人的需求或其他狀況、迎賓或在電梯口待命；另一班可以先休息，過個十分鐘再換班。這麼做就在避免婚宴前大家沒事幹會顯得散漫或無精打采。

員工伙食也很重要

「又要馬兒好，又要馬兒不吃草。」這是不對的，要員工提供好服務，一定要讓他們吃得好。伙食好，員工自然精神好、動力好，服務也就會好。員工伙食不好，他們就可能去外面買便當或自己帶食物來，心中有抱怨，對客人就不會有笑臉，甚至找機會偷吃廚房食物。所以員工伙食好，很重要。

員工每天都在公司吃伙食，廚師就要懂得變化菜色，營養好吃之外，也要注意不可以有味道太重的如大蒜等，免得服務客人時口氣不好，員工伙食也要提供全套的，茶、咖啡都不可少。甚至餐廳中要有一個區域讓員工可閱讀報紙，放鬆一下。

好的旅館總經理會很注重員工餐廳，甚至會去員工餐廳用餐，觀察員工用餐時的心情，看食物美不美味。員工餐廳通常是自助式的，小型旅館則會叫便當或吃套餐。

更周到的旅館，像阿基師一樣，宴會廳經理甚至總經理，會特地在大廳迎接主人家，身邊可能還有一、兩位助理，做攙扶老人家等雜事，讓客人感覺服務很周到、很慎重。開始出菜了！

喜宴菜要成功，除了排菜單、上菜速度要注意外，服務人員講話的話術也很重要。例如，不可以直接問客人「要打包嗎？」而要說「換小盤」。若打包就要問說「包幾包？」因爲可能不只一位客人想打包。早期五星級旅館不讓客人打包的，除了湯湯水水不好看，客戶包了回去，什麼時候吃？若不小心食物沒保存好，吃壞肚子，旅館可能會受到波及，這些都是顧慮[註]。

事後一定要再致電關切

通常宴席的費用不能簽帳，因爲金額很大，可刷卡並且在婚宴結束後就要

承辦會議的工作細節

婚宴的細節已經夠多了，會議的情形更複雜。例如，當天早上八點開

打包袋為何叫doggie bag？

現在打包很平常，打包器具也很進步，餐盒上還印有警示字句。打包的餐盒或袋子英文叫「doggie bag」。那是因為不讓打包的客人尷尬，而宣稱是要打包回去給狗狗吃的，所以才叫「狗狗袋」，多半袋子上頭還真會印一隻狗

始的會議，主辦單位往往前一天晚上十點會先進來布置，旅館可酌收水電費和員工加班費，但通常也會打個折扣。

會議一定要事先確認座位怎麼排，是一排排、單排椅子（劇院型座位，theatre style）呢？或是一排椅子、一排桌子（教室型座位，classroom style）？有沒有首桌？要排馬蹄型或回字型？一排多少人？要幾列？也有散桌嗎？需要投影機、燈光、白板、簡報架？中場休息時間要準備什麼？咖啡、茶加可頌或在地特色點心……？

旅館的舞台多半是活動的，只有少數旅館如台北福華和圓山有固定的舞台。若活動會提供口譯，那麼也要安排相關設施如密閉的口譯室，現在旅館則要有很強的三C設備，才能滿足客人需求。

桌子也有特別擺法。例如，主角人物通常坐在長桌中間，若排兩張長條桌，中間的位置反而讓腳最不舒服。所以應該要先將一張長條桌擺在中間，兩端再各接上較短的桌子，坐中間的人腳就不會卡到了。

其次，旅館的桌子不論圓方，高度一致這樣才可以隨時視需求併桌。長寬也是倍數，同時，不論什麼設備，都會買同一個牌子，這樣新舊產品也不會有不相容的問題。

立刻算清楚。辦婚宴時，旅館通常會提供新人休息的房間，並可叫客房服務，否則會貼心提供餐點給無法用餐的新人。

旅館的服務無止盡，消費金額高、服務便好，金額低、服務就少，這只能算是普通旅館；眞正好的旅館則是不論金額高低，服務一樣好！

婚宴結束了，但是旅館的工作還不能結束。接洽人員在婚宴後兩、三天，一定要記得打電話過去關心，才算結案。這種服務品質的調查，活動當天一定問不出結果，過兩天問，才能得到有意義的回應。例如，有親戚吃了拉肚子、酒不夠喝、一切都很棒、很高興有服務人員幫忙扶阿嬤……等等。售後的關懷是能夠引起好口碑的漣漪反應，飯店不能不重視。

跋

欣賞與致敬

蘇國垚

二〇一一年有一天，接到《商業周刊》出版部余總編輯幸娟小姐的電話，邀我寫書。那時我因爲看到時下年輕人受到手機、電腦影響，不再有看書的習慣，自己也決定不再寫書。然而，在余小姐五、六次的茶宴說服下，終於打動了我，重新燃起寫書的念頭。

余總編給我一個神聖的使命，希望我能寫出一本將旅館的經營、傳統、傳奇……全部包含在內的書，好讓更多人得以了解這個已有數千年歷史的產業。我們前後光是溝通，就花了半年的時間，展開寫書計畫後，與朱侃如小姐細談內容，又花了一年的時間。

爲了有別於教科書，本書的內容少掉許多數據，卻多了更多故事和精神。書中所挑選的職務（人物），除了有大家熟悉的檯面人物如總經理、主廚、接待、市場行銷人員外，還加了幾位不爲外界所知的角色，如公共區域的清潔員、總機、行李員、訂房人員……等，也就是我所謂的「秘密武器」。旅館是個靠團隊合作才有可能成功的行業，有些職務和角色，可能是較注重功利主義的經營者容易忽略的，所以，我在書中寫出來，希望讓更多人可以看到他們的付出。

另外，因爲旅館經營而特有的一些職務，本書中也做了較深度的描述，如萬事通（禮賓部）、酒侍、餐廳長和管家等專業職務。這些職務是旅館業專有的，希望能讓讀者知道住宿旅館或到旅館用餐時，如何欣賞或求助於這些專業人員。

過去因爲工作之便，接觸到許多近代旅館的典範人物，我在書中描述他們的奇特事蹟，並將旅館史中的先賢以及世界上知名的旅館稍作介紹。我經常受邀到不同的產業去分享精緻服務的要訣，以及領導統御的心得，這些在本書中我特別透過「旅館總經理」一章，闡述其成功之道。

本書除了講述經營之道，也希望可供異業參考，更希望普羅大眾對旅館服務有更進一步的了解，進而對這些專業人員致以敬意，也要鼓勵有興趣的年輕人投入、從事這個有意義的產業。同時與國內所有旅館同業共勉之。

蘇國垚擁有的美國旅館協會授證旅館人（CHA Certificated Hotel Administer）徽章

本書能夠完成，除感謝《商業周刊》出版部的佘小姐、羅惠萍、羅惠馨以及朱侃如小姐的一路督促外，最要感謝的是嚴長壽總裁長久以來的教導和鼓勵，並特別爲本書作推薦序。還要感謝亞都麗緻大飯店和香格里拉台北遠東國際大飯店的協助拍攝，讓本書增色不少。

款待——旅館17職人的極致服務之道

作者	蘇國垚
執筆	朱侃如
圖片提供	蘇國垚
內文圖片攝影	李明宜、石吉弘
商周集團榮譽發行人	金惟純
商周集團執行長	王文靜
視覺顧問	陳栩椿
商業周刊出版部	
出版部總編輯	余幸娟
編輯總監	羅惠萍
責任編輯	羅惠馨
拍攝場地提供	台北亞都麗緻大飯店、香格里拉台北遠東國際大飯店
書腰攝影	楊文財
內頁設計、排版	小題大作
出版發行	城邦文化事業股份有限公司-商業周刊
地址	104台北市中山區民生東路二段141號4樓
傳真服務	(02)2503-6989
劃撥帳號	50003033
戶名	英屬蓋曼群島商家庭傳媒股份有限公司城邦分公司
網站	www.businessweekly.com.tw
製版印刷	中原造像股份有限公司
總經銷	高見文化行銷股份有限公司 電話：0800-055365
初版1刷	2014年(民103年)1月
初版15.5刷	2017年(民106年)3月
定價	360元
ISBN	978-986-6032-49-3(平裝)

國家圖書館出版品預行編目資料

款待：旅館17職人的極致服務之道 / 蘇國垚著
一初版.一臺北市：城邦商業周刊，民103.01

面；　公分
ISBN 978-986-6032-49-3（平裝）

1.旅館業管理 2.顧客關係管理

489.2　　102027920

金商道

The positive thinker sees the invisible, feels the intangible,
and achieves the impossible.

惟正向思考者，能察於未見，感於無形，達於人所不能。 —— 佚名